约法三章

给零花钱的规则

[日] 村田幸纪 著

胡博阳 译

机械工业出版社
CHINA MACHINE PRESS

我希望我的孩子能够接受关于金钱的教育，但我不知道教什么、如何教……

本书总结了你想学习的零花钱规则，孩子"如何获得"零花钱（从父母的角度来看是"如何支给"），零花钱的"使用方法""保存方法""增加方法"……

为了让孩子以后成为一个不为钱发愁的人，通过"零花钱"提高孩子的金钱素养吧。

WAGAKO GA SHORAI OKANENI KOMARANAIHITONINARU
"OKOZUKAI" NO RULE by Koki Murata

Copyright © Koki Murata, 2021

All rights reserved.

Original Japanese edition published by FOREST Publishing Co., Ltd.

Simplified Chinese translation copyright © 2023 by China Machine Press

This Simplified Chinese edition published by arrangement with FOREST Publishing Co., Ltd., Tokyo,

through Office Sakai, Tokyo, and Shinwon Agency Co. Beijing Representative Office, Beijing

北京市版权局著作权合同登记　图字：01-2022-5749 号。

图书在版编目（CIP）数据

和孩子约法三章：支给零花钱的规则 /（日）村田幸纪著；胡博阳译 . —北京：机械工业出版社，2023.6

ISBN 978-7-111-72861-0

Ⅰ．①和…　Ⅱ．①村…②胡…　Ⅲ．①财务管理–青少年读物　Ⅳ．① TS976.15-49

中国国家版本馆 CIP 数据核字（2023）第 049050 号

机械工业出版社（北京市百万庄大街22 号　邮政编码100037）
策划编辑：张潇杰　　　　责任编辑：张潇杰
责任校对：王荣庆　张 征　责任印制：常天培
北京铭成印刷有限公司印刷
2023 年 6 月第 1 版第 1 次印刷
128mm×182mm·6.875 印张·89 千字
标准书号：ISBN 978-7-111-72861-0
定价：49.80 元

电话服务　　　　　　　　网络服务
客服电话：010-88361066　机 工 官 网：www.cmpbook.com
　　　　　010-88379833　机 工 官 博：weibo.com/cmp1952
　　　　　010-68326294　金 书 网：www.golden-book.com
封底无防伪标均为盗版　　机工教育服务网：www.cmpedu.com

序

爸爸，
给我买新出的游戏吧。

不是说好了这些都是用你每个月的零花钱来买吗？

但是，
我的朋友们都已经有了……
求求你了！

真拿你没办法，还差多少钱？

再需要 2000 日元就够了！
哇！谢谢爸爸！

果然还是爸爸宠孩子呢。

哈哈哈，确实，妈妈说得对。

Yeah!!

乍一看，你可能感觉这是一段温馨有趣的家庭对话，但我的眼前却浮现出了一幅可怕的画面。为什么呢？因为父母在光明正大地向孩子灌输"如果遇到任何困难，都可以依赖金钱和信用卡"的观念。

你可能会认为，这"只不过是小孩子零花钱的事儿罢了"，但是，从金钱观的角度来看，这是绝不可以忽视的问题。因为父母支给孩子零花钱的方式，可能对他们未来的人生有决定性作用。

对孩子来说，"收取零花钱的那一刻"恰恰就是"学习怎样和金钱打交道的绝佳锻炼时机"。

被钱牵着鼻子走，是否就意味着一个人一生都将过得艰难坎坷？反之，学会掌控金钱，是否就意味着人生终将幸福美满？

过分看重金钱，一个人是否终其一生都将难以信任他人？反之，仅将金钱视作工具，是否就能与周遭的一切和谐共处？

人生的道路终将行至何处，并非完全取决于才能或个性，"儿童时期接受了何种金钱观的训练"同样会产生相当大的影响。

编程和英语教育很重要，金钱教育呢？

给孩子零花钱这件事，作为父母的一项重要教育行为，是会影响孩子的一生的。

IT、编程、英语……除此之外还有很多，这些都是在今后的时代中孩子用以谋生的重要技能。但是，从"谋生"的角度来看，"怎么和金钱打交道""怎么合理支配金钱"，这些能力的重要性完全可以与上述技能等同，甚至可以说有过之无不及，并且其重要性也从未因时代变迁而有所改变。

虽说，"给孩子零花钱的这种传统是从什么时候开始的""从市场行情来看，应该给多少比较合适"等讨论从未停止过，但是很遗憾，讨论会深入到"话说回来，为什么要给孩子零花钱呢"这种目的层面的家庭并不多见。

正因如此，我写了这本书。希望你们所珍爱的孩子，能够借助这本书学会"与金钱打交道的方法乃至支配金钱的方法"。

从金融资产超过 2000 万日元的 1000 名会员身上得到的结论

也许我应该早点提到的，我于 2009 年成立了一个名为"利用不动产投资实现财富自由协会"的组织，目前担任这一组织的法人代表。该协会入会的基本要求是"持有可自由支配的金融资产共计 2000 万日元[○] 以上"。

这里说到的"可自由支配的金融资产"指的是"可以立即变现的可动用资产"。遗憾的是，房产和车辆都不属于这种"可自由支配的金融资产"，因为其出售和变现需要花费一定的时间。因此，即便你拥有"一套总价 5000 万日元的住房"或者"两辆价值 1000 万日元的外国车"，都不一定能达到入会的标准。

○ 2000 万日元约为 100 万人民币。——译者注

此外，"夫妻俩加起来的年收入可以达到2000万日元"的人，可能也不能满足上述要求。毕竟，即便一年能赚到2000万日元，经过生活中吃穿用度的一番消耗后，最后可能也所剩无几了。

"可自由支配资金"，正如其字面意思，是指自己所持有的现金、股票等，想用的时候随时可以取用的那笔钱。即便这笔钱用完了，现有的生活水平也不会有明显的下降。

据某民间调查的统计数据，拥有2000万日元金融资产的人数，约占日本总人口的8.5%。这些年我在运营"利用不动产投资实现财富自由协会"的过程中，曾与1000名以上的会员进行过一些深入的交谈。

在交谈中，我询问并了解了他们看待金钱的价值观是怎样的，并由此提出了一种"假设"，那就是"父母支给孩子零花钱的方式，会对孩子将来对待金钱的方式产生巨大的影响"。

为了验证这个假设，我又找了很多会员以外的各行各业的人，并针对他们进行了问卷调查，收集了大量的数据。结果显示，"儿童时期是怎样得到零花钱的、又是怎样使用它们的"对"成年以后，如何掌握金钱、如何使用金钱"有着较大的影响。

那些金融资产超过 2000 万日元的人，往往在儿时就形成了良好的支配金钱的习惯，支配方式也在他们的脑海中留下了良好的印象。而那些苦于挣钱的人，（与父母是否有意为之无关）从小支配金钱的习惯就很差，并且使用零花钱的经历也给他们留下了很差的印象。虽然不能百分百断言，但这一结论的确有一定的道理。

给孩子零花钱，孩子长大后就会认为"超前消费""不必还钱"是理所当然的？！

现在，让我们再回到本书开头的那段亲子对话。

在金钱的世界里，有一种行为叫"超前消费"，也就是将还没到手的钱当作"已经得到了"，或者将原本不属于自己的钱视为己物，然后毫无顾忌地把这笔钱花掉。如果孩子每个月的零花钱不够，但又迫不及待地想拥有新游戏，于是就向爸爸要钱，最终爸爸妥协了，遂了孩子的心愿，这就是对"超前消费"的一种变相鼓励。

针对开篇的那段对话，我之所以敢用"非常可怕的画面"来形容自己的想法，主要是基于以下理由。

那就是，孩子会认为"撒娇求来的东西可以不用归还"。

成年以后，以信用卡提现或贷款等方式借的钱，由此产生的高额利息是必须要支付的，如果一直借下去，就永远还不完。成年后的现实就像是对儿时错误观念的"报应"，侵蚀着他们的生活。

然而，孩子以撒娇的方式换来了钱，其"债主"是父母。如果父母不规定还款期限和利息的话，本质上就是在告诉他们不必归还。

总而言之，当孩子向你撒娇说"出新游戏了，给我买一个吧"的时候，你把钱给了他，不仅是在告诉他"如果遇到困难了，可以随时用信用卡提现或贷款的方式解决"，而且还向他传递了"不仅可以用这种方式解决钱的问题，还不用考虑还钱的事"的信号。

当然，这话也能用稍微积极一点的想法来理解，大概就是"遇到困难的话，可以来找爸爸妈妈，你可以不用还钱给爸爸妈妈"。

这样理解的话，你又会做何感想呢？

持有这种看法的人在 20 岁以上[⊖]的成年人中究竟有多少，其实不难想象。因此，正如不能轻视上述问题一样，"孩子还小""这也没多少钱"等这种轻视零花钱问题的观点也不应该存在。

⊖ 日本法定成年年龄为 20 岁。——译者注

培养金钱素养，解密"零花钱规则"

那么，到底应该怎么做呢？应该基于何种考量，用什么方法给孩子零花钱才是最正确的呢？

在这本书里，我将给大家介绍一种名为"加倍偿还"的方法（将在第三章中做详细介绍）。这是在对拥有超过 2000 万日元金融资产的会员的访谈和加工基础上，结合我自己的思考后总结出来的方法。我将这一方法用在自己三个孩子身上，他们最终都在与金钱打交道的方式和支配金钱的方法上有了自己的体悟，并各自总结出了一套适合自己的方法。

现在有很多父母正在考虑"差不多到了要开始给孩子零花钱的阶段了"这一问题，本书正是面向这一群体（孩子可能正处于小学低年级阶段）。如果能在给孩子零花钱之前读了这本书，就再好不过了。不过，有很多父母的情况是，"孩子正在上初中，已经给了他很多年的零花钱了", 因此, 他们之中绝大多数人将面临的问题是 "上高中以后, 孩子的零花钱不够用, 想去做兼职赚钱"。而我想说的是, 请这些父母千万不要觉得, 这时读这本书已经来不及了。虽然从 "零" 开始是最好的, 但对于学习与金钱打交道和支配金钱的方法来说, 不论什么时候开始都不晚。

急剧变化的时代已经到来。这意味着, 那些 "紧握人生的船舵, 自己掌控未来" 的技能会变得越来越重要。

我们所追求的, 是不会被金钱牵着鼻子走的、不随波逐流的人生。为了能在自己心之所向的路上走得更快、更远, 就必须让自己的人生以金钱为工具而非目的。

如果本书能为你所珍爱的孩子的成长助上一臂之力, 那将会是我的无上荣幸。

村田幸纪

目录

04 / 第四章

父母在日常生活中需要牢记的事情 / 145

第一章

金钱带给人生的影响

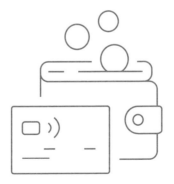

钱赚得多，就一定能成为有钱人吗

尽管父母都希望"孩子以后能好好赚钱"……

身为父母，任何人都希望孩子将来能过上不为钱所困的生活。为了实现这一点，他们首先想到的应该是"要让孩子具备好好赚钱养活自己的技能"吧？因此，医生、律师等"靠技术吃饭"的职业，暂且不论孩子喜不喜欢，至少在父母眼中，这些职业绝对是他们的"心头好"。此外，棒球、足球和篮球等职业选手，甚至是专业棋手，最近也受到了人们的广泛关注。所以，有很多父母就开始感叹："要是将来我们家孩子能成为大谷翔平（日本职业棒球选手）或者棋士藤井聪太那样的人就好了！"我非常能理解父母的心情，同时我也完全没有要否定这些愿望的意思。

但是，我想通过这本书告诉大家的是，赚钱这件事固然很重要，但还有比这件事更重要的事。

这是因为，我见过太多的人，"明明赚得多到令人震惊，却根本没什么钱"。反之，这个世界上"收入一般却非常有钱"的人并不在少数。

综上，针对"钱赚得多，就一定能成为有钱人吗"这个问题，我可以肯定地回答"不是"。

那么，"赚得很多却根本没钱"和"收入一般却非常有钱"之间决定性的差别究竟是什么？

那就是，"在理解金钱本质的基础上，能否掌控金钱（把握—区分—管理）"。具体内容我将在本书中按顺序说明，不过，"掌控金钱（把握—区分—管理）"将是这本书的关键词，所以请务必牢记于心。

既能掌控"IN"又能掌控"OUT"的能力

尽管我们可以用"金钱掌控力"简单地概括上述内容，但我一定要强调其实际上是由"IN"和"OUT"两方面组成的。"IN"是"赚到手的钱"，"OUT"是"花出去的钱"。一个人如果能开始合理掌控这两方面，就离成为有钱人不远了。"赚得很多却根本没钱"的人，往往在"IN"的掌控上具备很大的优势，但在"OUT"上却不尽如人意。

解读到这里，肯定有人会问，"所谓掌控'IN'和'OUT'的能力……说白了不就是人本来就会的东西吗"。的确如此，我要说的其实就是那些看似理所当然的东西。但以下这些问题，不同的人又会做出怎样的回答呢？

◆ IN

把握：你能准确地了解自己缴完各类税及保险费以后剩下的实际可支配收入有多少吗？

区分：你能否把"IN"分为"收入"和"运用"两部分？

◆ OUT

把握：你是否会把房租或房贷、话费、饮食费、车辆维修费、孩子每月的教育经费等全部加在一起，算出"每月的生活费"？

区分：你能否将"OUT"分为"浪费""消费"和"投资"三部分？

事实上，回答"不知道""没这样算过""没想这样区分过"的人非常多。那些"不知道每个月究竟能剩下多少可支配收入"的人，往往也会说出"管钱的事都交给伴侣了""虽然我们家是双职工家庭，但双方的钱都是分开用的，我只能大致把握自己的情况，对方的钱是怎么用的我就完全不知道了"等诸如此类的回答。

对那些没有计算过每月生活费的人，我想说，请从现在开始计算一下吧。之后你就会惊讶地发现，自己原来从来都不知道家庭的基本开销竟然如此之大。

如果你每天都过着对"IN"和"OUT"不加区分、毫无把握的生活，那么对"IN"和"OUT"的管理就更无从谈起了，这也是你为什么总是存不下钱的原因。

年收入 5000 万日元仍然抱怨
"活着真难"的医生
——从实例中学习"IN"和"OUT"

　　下面，为了能让你对"IN"和"OUT"有一个更
为具体的认识，我会举几个例子以供参考。

【事例 1】年收入 5000 万日元，金融资产 500 万日元

我之前认识一个人，自己经营着一家医院，作为医生的他医术也相当高明，因此，医院的生意还是很不错的，他个人的年收入可达 5000 万日元，这样的水平在日本可以算作超高收入群体了。他也曾经针对不动产投资的事找我做过咨询。但是在交谈的过程中，我逐渐了解到他的金融资产（可自由支配的钱）仅仅只有约 500 万日元。

为避免误解，我必须得澄清一点，这里我并不是说 500 万日元很少的意思。只是他作为一个开了十年以上医院的勤勤恳恳的人，其纯收入加起来已经超过 5 亿日元了（哪怕扣除税金也还能剩下好几亿）。从这个角度看，500 万确实不算多。

令我疑惑不解的是，这种收入水平，一年攒下 1000 万日元明明不是什么难事呀？随后我带着疑问继续我们的谈话，很快我就找到了答案。

原来，他非常喜欢汽车，所以买了很多台来自各个国家的超高级汽车。当然，他住的房子也是配备超大车库的别墅。此外，他的夫人也是一名时尚爱好者，家中摆满了各式各样的名牌包和衣服，在高级餐厅就餐更是家常便饭。

在他的观念里，有一系列荒谬的"投资理论"。他本人对实体经济一无所知，并且眼里只有那些一下就能回本的高收益"投资"（其实是投机）项目。

上述这位医生就是那种赚得很多，也就是"IN"的能力非常出众的人，可惜的是，他的收入也只能和他一起奔向并"OUT"于欲望的深渊之中了。这就是典型的"'IN'膨胀，'OUT'也膨胀"型，因此他的金融资产仅仅只有 500 万日元。

银行竟无形之中成了"帮凶"

上面这位医生的"悲剧",还在于他的银行信誉太好了。即便他的金融资产不多,但因为他是一个"有能力的高收入者",如果他向银行借钱,银行依然会毫不犹豫地借给他。每当他遇到需要钱应急的时候,总是可以用这种方法应付过去,却不能从根本上解决问题。

他来我这里做咨询的时候,也提到了:"我明明那么努力地赚钱,也赚了很多,却完全感觉不到幸福与满足,而且总觉得哪里怪怪的……这样的生活令人身心俱疲……活着好累,真的不想再继续这样下去了。"他的这番吞吞吐吐却发自肺腑的话令我印象十分深刻。

> "年收入 2000 万日元，存款为零"
> 和 "年收入 500 万日元，
> 存款 2000 万日元"
> 哪一类人的金钱素养更高

接下来，我们重新回到 "IN" 和 "OUT" 上，通过具体事例进一步了解这两者的内在意义。"年收入 2000 万日元，存款为零" 和 "年收入 500 万日元，存款 2000 万日元"，如果从掌控金钱能力的视角来看，究竟哪一类人的金钱素养更高呢？

【事例 2】年收入 2000 万日元，存款为零

如果一个人的年收入可以达到 2000 万日元的话，那他的收入水平可以说是相当高了。但如果是"夫妻双方都在外资企业上班，而且都身处高薪管理层"的话，就会让人感觉，年收入能超过 2000 万日元的家庭其实也不在少数，也就是高收入群体中的普通一员吧。

我因工作需要，有很多与这些人交流的机会。令我惊讶的是，他们之中有不少人都会说自己"拥有的金融资产（可自由支配的钱）数额为零"。当我进一步深究其原因时，答案果然不出我所料。

其中最典型的一类是，大多数收入都用在了房租或房贷上。

比如，某个人每个月花费数十万日元在高级住宅的房租或房贷上，一年下来的支出就有数百万日元。当然，如果你的房租或房贷较高，往往意味着你的邻

居基本也都是高收入群体。进一步推断的话，这种
"夫妻双方都是高收入"的家庭，往往双方都是高学
历，那么他们从学生时代开始接触的也都是高收入群
体。在这样一种环境下生活，会发生什么呢？

他们会在生活的各个场景中想到"怎么着也得
用个××吧……"。比如，"果然××车就是坐不
得""手表啊衬衫啊这种贴身的东西怎么能用便宜货
呢""孩子还是得送去××学校才好"等诸如此类的
想法。简言之，就是生活会陷入虚荣与攀比之中。

如此一来，房租或房贷、饮食支出、车辆支出、
服饰支出、娱乐支出、孩子的教育支出……林林总总
加起来，使得每年 2000 万的收入在每个月的消耗中逐
渐归零。这样看来，那么多高收入家庭的金融资产为
零，倒也不足为奇了。

像这种双职工家庭"分开用钱"的情况也很常见。
对对方"每月收入多少""分别用在了哪里"这些问题
完全不了解，也不会去干涉的家庭并不在少数。由于

双方都对自己的赚钱能力有信心，认为即便当下没什么存款，随着收入的增加也总会有的，所以也并不在意金融资产为零的现状。这就是"双倍'IN'，全部'OUT'"的类型。

他们的住所高级、豪车耀眼、衣着不凡，令周围人都不禁发出"这对夫妻一定很有钱"的羡慕的惊叹。遗憾的是，在我看来，这些人都把自己放在了富有的对立面。

像这种收入较高，但"所有的'IN'都被'OUT'完了"的情形和"收入特别少，勉强只够吃饱饭"的情况，几乎别无二致。

他们的生活一旦发生变故（比如一方失业或者大幅减薪等），就会立即陷入入不敷出的窘境。即便他们能很快意识到收支不再平衡的问题，可是一直以来用高消费堆砌起来的生活水平被迅速拉低，也会给他们的日常生活带来极大的压力和不便，甚至会使他们过上"走钢丝"般战战兢兢的日子。

【事例 3】年收入 500 万日元，存款 2000 万日元

前面讲到的事例 1 和事例 2，都是存不下钱的那一类人的事例。而接下来要介绍的事例 3，则是善于储蓄的那类人的例子。他们一旦下定决心"今年要存 2000 万日元"，就会在日常生活中千方百计地省钱，最终成功实现储蓄目标。

而这类人，往往有一个共同的特征，那就是"对金钱的使用有明确的规划"。

关于这一点，我从我们协会的一名会员那里听说了一个典型的例子，是关于 iPhone 的置换。那位会员在 iPhone12 刚发售时，就萌生了想要换新手机的想法。他当时用的是 iPhone8，相比之下，iPhone12 配备了 5G 网络，相机的像素也有了极大的升级，能充分满足他的拍照和摄像需求。于是他开始计算，"如果换新手机的话需要花多少钱呢？"手机的售价是 15 万日元左右，算上一系列的折扣后他需要花费约 10 万日元。

最终，他放弃了换新手机的念头。

为什么呢？因为他在衡量了"用 10 万日元把手里的 iPhone8 升级成 iPhone12 后获得的满足感"和"本来要花掉的 10 万日元最终还是留在手里的满足感"之后，觉得后者带给他的满足度更高。

他把这一系列行为称作"反向储蓄"。

掌控力的"尺度"

这件事让我恍然大悟的一点，不是单纯地省下了 10 万日元这件事，而是一味地提倡"看到想要的东西，先忍一忍再说"的理念，会无形中让人压力倍增，从而难以坚持。

上文的那位会员就不是这样的，他会在心里权衡"哪种能给我带来更大的满足感"，不违背自己内心的意愿，选择能让自己更开心的那个选项。

更有趣的是，在经历了那番权衡之后，他觉得自已比以前更喜欢他的 iPhone8 了，因此那部 iPhone8 至今仍然有条不紊地工作着。不仅如此，最终没能花出去的那 10 万日元总会让他感觉"赚了一笔"，这种满足感让他开心了很久。

虽说上述的 iPhone 置换只是一个微不足道的事例，但拥有 2000 万日元以上的金融资产（可自由支配的钱）的人往往都深谙此道，对金钱有着卓越的掌控力，从而能成功地实现储蓄目标。

对这一类人，我们称之为"'IN'得一般，'OUT'得少"型。正因为他们在生活中能始终保持"'IN'＞'OUT'"的状态，所以自然而然就成了有钱人。

"'IN'得一般，'OUT'得少"型的弱点

尽管这类人在生活中能自如地掌控金钱，但也存在一个不能忽视的弱点。那就是，不善于"OUT"。

　　具体的内容我会在后面（参照 P38）说明，在那之前，我需要重申一次，"OUT"包含三部分内容，即"浪费""消费"和"投资"（包括自我投资）。同样是"OUT"，与需要极力节制的浪费和消费不同，投资（包括自我投资）是需要见机行事、适时而为的一件事。投资时，如果不能让"金钱为我所用"，财富也就不能在原有的基础上有所增加，这就好比，如果一个人不进行自我投资的话，他自身也很难得到成长。

　　总而言之，如果仅知储蓄，不知使用的话，就很难进入到财富积累的下一个阶段。

　　这种只知道储蓄的状态，目前还可以称之为"小富"，但很难真正实现财富自由，今后是否还能一直富裕下去也不得而知……这就是我想对那些不善于"OUT"的人说的话。

令人陷入麻烦的典型死循环模式有哪些

　　说到深陷金钱泥沼的原因，主要有"轻率地预支消费"和"分期定额付款"，我们先明确一下这其中的危险性。

"借钱"时的死循环模式——轻率地预支消费

轻率地预支消费主要有两种情况。第一，信用卡提现；第二，信用卡贷款。而这两者的共性在于，借贷人能轻易借到钱的同时，也需要支付高额的利息。

其中信用卡提现的利息，高的可达 18%。也就是说，如果你借了 10 万日元，一年后你需要偿还 11.8 万日元。如果是信用卡贷款的话，根据日本利息限制法等相关法律的规定："100 万日元以上的贷款，年息是 15%，10 万～100 万日元的年息是 18%，10 万日元以下的年息是 20%"。虽然法律限制了利息的上限，但这些对于借贷人来说依然是不小的数目。

如果一个人毫无计划地挥霍通过上述途径借来的钱，一年之后要想按时偿还 1.2 倍的本金怕是没那么容易吧?

尽管如此，信用卡提现和贷款仍然有着相当大的诱惑力。比如，"第一周免利息"（也就是说"如果能在一周内还钱就不用缴纳任何利息"）等诸如此类充满迷惑性的表述。既然如此，银行又为什么能以此盈利呢？那是因为，几乎没有一个人可以做到在一周内还钱。

从预支消费的念头产生的那一刻起。你的钱就已经注定保不住了。为一万日元发愁于是去借了一万，一周后能凑齐一万还回去的可能性微乎其微，如果想从其他途径拆东墙补西墙，则将毫无疑问地陷入多重债务的泥淖。如此一来，突发情况下借的钱不知不觉中竟演变成百万日元以上的债务，如果你最终还不上的话，就会跌入个人破产的深渊。

轻率地预支消费，本质上是一种提前享受的心理在作祟。

为了让你所珍爱的孩子今后不会靠着信用卡提现和贷款过日子，请一定做好这方面的教育工作。

"偿还"时的死循环模式——分期定额付款

信用卡支付方式中，有一次付清、分期付款、分期定额付款等好几种方式。在用信用卡买了东西需要选择支付方式的时候，不少人应该都遇到过类似的询问。

分期定额付款的意思是，每个月都支付固定的金额用来还款。通过这种途径，假如你想要一件价格数十万日元的昂贵商品，就可以以每个月仅支付一万日元的方式得到它。虽然它看起来像是什么神奇方法，其实却是通往"无尽痛苦"的大门。

日本利息限制法对分期定额付款的规定和前述借贷的规则一样，其上限同样也是"100万日元以上的借贷年息是15%，10万～100万日元的年息是18%，10万日元以下的年息是20%"。比如50万日元的商品以每个月1万日元的定额进行分期付款，不算利息的话需要四年多才能还清。但算上利息的话，你可能会发现自己还了又还，待偿还的余额却怎么也不见减少。

购物时的快感往往只在买东西的那一瞬间。一旦将付清的期限延后，痛苦就会如同滚雪球一般越滚越大。为了不让孩子今后体验这种痛苦，请一定教育他们远离分期定额付款。

破灭型：同时陷入死循环模式的借与还

比上述两种更可怕的情形是，轻率地利用信用卡提现或贷款，再以分期定额的方式还款。

很多人会觉得，既然能如此轻易地从信用卡里借到钱，还钱应该也不是什么难事吧……就像是人们常听说的炼金术一样，虽然他们心里清楚世间绝无这等好事，但却难免被眼前的利益所迷惑，从而觉得"这样还是挺方便的"，便毫不犹豫地扑向了借贷的怀抱。这部分人中，甚至还有人会把这笔借来的钱当成是自己的钱一样，毫不节制地挥霍掉。

　　看到这里的读者，一定会觉得"这样的生活也太糟糕了"吧？但是，如果孩子在用零花钱的那段时期没能接受正儿八经的金钱教育，就会错误地认为这种借钱和还钱的方法（撒娇求来的东西可以不用归还）完全没问题，孩子长大成人后，这种错误观念依旧会如影随形，甚至伴随孩子一生。

> # 多数人都难以察觉的隐性死循环
> # 模式有哪些

工薪阶层容易陷入的死循环模式

很多人都能够理解轻率地预支消费和分期定额付款的问题出在哪儿，但其实生活中还有很多不易被察觉的，并且一再重蹈覆辙的隐性死循环。

那就是，"奖励支付"。

在购置家电和家具等大件商品的时候，你可能无法一次性付清钱款，于是就利用信用卡的奖励支付。这种支付方式不收取手续费，同时一年只需还款两次[⊖]，故受到了许多人的青睐。最近，这种消费方式已逐渐渗透进入线上购物领域。很多线上服装店都会号召顾客趁还款期限到来之际，赶紧购入冬装。除了家电、家具和服装的消费，在还房贷和车贷时，也会有很多人利用奖励支付还完余款。这其中，在企业工作的工薪阶层并不在少数。

然而，这种消费方式的本质仍然是一种超前消费。因为花掉的这些钱是"会得到的钱"，但并非"确实已经得到的钱"。更糟糕的是，这些人会认为，尽管已经入不敷出了，但通过奖励支付能够填上一些窟窿，这样的生活似乎也能勉强维持下去。

⊖　一般夏季一次，冬季一次。——译者注

比如，你的月收入仅为 30 万日元，但每月的生活花销却是 35 万日元，多出来的 5 万日元都要靠信用卡的奖励支付应付过去，在每年的夏天和冬天补上这一空缺。但是，如果可用额度减少，甚至是归零的话，就会使借款人瞬间陷入"资不抵债"的困境。因此，这无疑是一种危险的生活方式。

正所谓是"有其父必有其子"。如果父母长期以超前消费的方式生活，孩子将来超前消费的可能性也会变大。越是那种不清楚孩子从小养成了什么消费习惯，还认为这些无所谓的家庭，越容易培养出消费习惯差的孩子，这一点是相当可怕的。

可以把儿童节礼物提前送给孩子吗

最糟糕的一种情形是，"奖励支付"模式已渗入家庭。

对于明明已经和孩子约好的，到儿童节才能买的某个玩具，孩子却任性地说："我现在就想要。"父母拿孩子没办法，只好屈服。于是，一件本该到固定时间才买的礼物，早早地就送给了孩子。这就是"奖励支付"在家庭中的一个非常典型的例子。

父母一旦在这种事情上妥协，就等同于主动让孩子尝到超前消费的甜头。今后不论再怎么要求和劝导，孩子成年以后也会很容易陷入超前消费的泥淖。

纵容孩子对礼物的即时满足，就好比父母专门教导孩子："今后一定要做一个不能忍耐、不能自我控制的大人哦。"因此，在这件事上，不论孩子怎么哭闹，父母都一定要坚定自己的立场，不可以妥协。而这一切，都是为了孩子的将来，是为使他们将来成为不会被金钱问题所困扰的成年人而付出的爱。

决定一个人有钱与否的关键是什么

帮你了解自己的金钱观！"自检测试"做起来

之前，我对拥有 2000 万日元以上的金融资产（可
自由支配的钱）和几乎没有金融资产这两个群体做
了一个调查，这个调查的问题是"你是如何理解金
钱的"。

结果显示，两个群体的回答截然不同。我想，决定一个人是否富有的根本因素，应该就隐藏在这个答案的差异性之中。在对这个问题进行详细解说之前，你可以先尝试做一下下面这套诊断题。这套题分为五个部分，请你不要过度思考，通过直觉来作答就可以。

金钱观"自检测试"诊断表的使用方法

下面这张诊断表，其目的并不是单纯地计算得分，而是为了深入到你的潜意识，使你正确了解自己目前所处的位置。相比于表面性的思考，孩子从父母那里遗传到的，往往是父母的潜意识中的真实想法。对待金钱的意识，往往体现在生活中不经意间的行为方式和反应上。比如，和孩子待在一起时，有人突然和你说了一句："我有一个熟人在事业上取得了很大的成就，收入也因此提高了不少。"你的反应是?

A. 不假思索地说，"欸？就那个家伙还能成功？怕不是做了什么见不得人的勾当吧"，语气中充满了对他人的偏见和不屑。

B. 坦率地夸赞他人，"哇，好棒啊！他确实挺努力的"。

以上哪种反应能对孩子产生积极影响呢？

很显然，是答案 B。这种言语产生的影响绝不仅仅停留在表面，而是会渗透进孩子的潜意识之中，改变孩子的思维方式。因此在做自检测试题时，如果总是用表面性的理性思考来判断"这样做才对""这个才是正确答案"的话，就没有意义了。一定要重视自己的感觉，利用"本能地想要选这个答案"的直觉，选出遵从自己内心的那个答案。

这套自检测试题不是做给别人看的，没有必要为了面子去选那些理智上判断是正确的选项，请务必对自己诚实。只有这样，你才能排除障碍发现自己潜意识中的想法。

金钱观 "自检测试" 诊断表

（ 洞察你的金钱意识？！ ）

请根据题干勾选出能让你产生共鸣的全部选项。
不要过度思考，根据直觉作答！

---

1 虽然很想得到钱，但我不想通过 _____ 赚钱。
（共计 ___ 项）

- ☐ 工作
- ☐ 放弃当下的快乐
- ☐ 经历失败
- ☐ 引人注意
- ☐ 花费时间
- ☐ 做麻烦的事情
- ☐ 动脑子
- ☐ 学会忍耐
- ☐ 努力
- ☐ 做不想做的事

---

2 为了赚钱，_____ 是不得不做的。
（共计 ___ 项）

- ☐ 对他人卑躬屈膝
- ☐ 排挤他人
- ☐ 压榨他人
- ☐ 和不喜欢的人一起共事
- ☐ 出卖灵魂
- ☐ 听从他人的指示
- ☐ 被人讨厌
- ☐ 做坏事
- ☐ 欺骗他人
- ☐ 背叛他人

3　有钱人一般都 _____，
所以我很讨厌他们。
（共计 ___ 项）

- ☐ 吝啬
- ☐ 没有人情味
- ☐ 做坏事
- ☐ 压榨劳动力
- ☐ 利用他人
- ☐ 只是运气好罢了
- ☐ 看不起人
- ☐ 眼里只有钱
- ☐ 以自我为中心
- ☐ 总是钻空子

4　过多的金钱 _____。
（共计 ___ 项）

- ☐ 只会引发争执
- ☐ 只能在死了以后让别人继承
- ☐ 让自己离坏人更近了一步
- ☐ 打乱原有的人生
- ☐ 没什么用
- ☐ 让人更加劳累
- ☐ 会改变一个人的本性
- ☐ 只能挥霍
- ☐ 让人迷失，不再心怀感恩
- ☐ 让人变得贪得无厌

5　对我来说，之所以赚钱那么
难，是因为自己 _____ 不足。
（共计 ___ 项）

- ☐ 学历
- ☐ 知识
- ☐ 经验
- ☐ 人脉
- ☐ 才能
- ☐ 自信
- ☐ 运气
- ☐ 实力
- ☐ 领导力
- ☐ 魅力

判定规则：50 分满分，每选 1 个选项计 1 分。

31 分及以上： 就只能这样一生都被金钱牵着鼻子走了。

21 ~ 30 分： 对金钱的看法似乎过于负面了。

11 ~ 20 分： 对金钱的看法较为普通。

6 ~ 10 分： 几乎没有什么多余且不必要的想法。

5 分及以下： 已经是一个成功人士了。

富人和穷人的区别究竟是什么

接下来，我们开始讲富人和穷人的本质区别究竟是什么。那就是"穷人总是带着主观情感看待金钱，富人只把金钱当工具"。

首先，穷人一想到或者谈到金钱时，总是会带着各种主观情绪。简而言之，他们总是认为"这个人这么有钱，绝对做过什么坏事"或者"有钱又怎么样？越有钱是非就越多"等，这是一种对金钱持有负面情感的类型。还有一种人持有"赚钱的本质就是不去做想做的事、学会忍耐"的观点，也属于这一类型。他们总是忌避与赚钱有关的事，久而久之就与有钱无缘了。

另一方面，有一些人非常喜欢钱，对钱没有丝毫的负面情感。他们甚至可能一看到钱就两眼发光，或者看到有钱人就忍不住憧憬起来，希望自己也能变得一样有钱。这种是对金钱持有积极情感的类型。你可能会问，难道有钱人不都是这种类型的吗？

很遗憾，事实并非如此。根据我的调查，这类人并不在有钱人的行列中。据我的推测和观察，这类人对于金钱的渴望过于执着，以至于他们很难信任周围的人，因此也很难与他人形成良好的关系。

总而言之，不论是持有负面情感还是正面情感，其本质都是戴着有色眼镜看待金钱。

与之相反的，有钱人只把钱看作工具。在他们看来，"钱本身并不涉及好坏，如果你合理使用它，就能为自己带来便利；如果你错误地使用它，它也会给你带来危险和灾难"，仅此而已。

手头的资产增多也好减少也好，不会令他们大喜或大悲，而是像看游戏中的道具增多或减少的感觉一样。他们和钱的距离感往往不会太近也不会太远，只是站在客观的立场去看待它。

说到底，金钱究竟是什么

为什么以上述视角和金钱打交道，就会变得有钱呢?

那是因为，他们理解了金钱的本质。

人类最初其实是过着以物易物的生活的。但如果所交换的物品不能同时满足双方需求时，交易就不能完成，这就给人们的生活带来了极大的不便。于是，那些相对能保值的物品，如布料、盐、贝壳等，就逐渐成了人们交易的中介物，被称为"一般等价物"。之后，社会便出现了贫富差距。因为金钱，有人欢喜有人忧。

也正因如此，对金钱产生各种情感和情绪的人也越来越多。但是，金钱本来并没有好坏之分，它只是一种让生活更加便利的工具而已。

正因为理解了这一点，有钱人才变得有钱了。

立志成为能自如掌控"IN"和
"OUT"的成年人

使自己养成掌控和管理金钱的习惯

我希望，通过零花钱这件小事，能让你的孩子理解金钱的本质，进而成长为一个在金钱方面能自如掌控"IN"和"OUT"的成年人。对孩子而言，从父母那里得到零花钱的阶段，正是学习与金钱相处之道的重要时期。

在此之前，需要向孩子解释什么是"IN"和"OUT"的掌控能力。

所谓掌控力，指的是"把握—区分—管理"的一整套流程。

从"IN"的角度来看，首先要明确的是"每个月能得到多少钱"。然后，把它分成"收入"和"运用"两部分。"收入"是指通过工作等途径赚到的钱；"运用"是指通过投资和理财获取的钱。

从"OUT"的角度来看，要明确的是"每个月会花掉多少钱"。然后，把它分成"浪费""消费"和"投资（包括自我投资）"三部分。"浪费"是指生活中的非必要花销，比如花在兴趣爱好上的钱；"消费"是指必要的生活开支，比如房租、饭钱、税金等；"投资"是指在预计有较大升值空间的事物方面的花销，比如股票、基金、不动产等。需要特别提到的是自我投资这一类，它指的是与自我成长相关的投入，比如读书、学习会、技能及从业资格获取等。

在本书的第三章中，我将详细介绍一些零花钱的技巧和规则，包括如何养成掌控和管理金钱的良好习惯、享受赚钱的乐趣、体会运用金钱的快乐等。

父母需要做的两件事

不过，成人的"IN/OUT"与孩子的有所不同。比如在零花钱的"消费"和"投资"上，最好还是由父母来掌控，而非全部交给孩子自己支配。对于孩子来说，"消费"主要包括学习和生活中必需的文具、服饰、鞋等方面的开销。正因这些都属于必要开销，所以不应该让孩子用零花钱去购买，而是应由父母出钱为孩子购置。然后，孩子"投资（自我投资）"的部分，主要有补习班的学费、体育等兴趣班的学费、书本费等方面的开支。这部分的开销也应该与零花钱分开，所以由父母来承担比较好。虽说"自我投资"指的是自己为自己投资，但在儿童时期，我建议还是"父母为孩子投资"比较好。

　　我想告诉诸位父母的是，"千万不要在与孩子成长有关的事上吝啬"。只有在儿童时期让孩子知道"成长方面的花销能让成长更顺利"，成年以后的孩子才会不吝于自我投资，拥有自律的人生。

　　不过，现在也会有父母在"对孩子进行投资"时，直接把投资的意图告诉孩子，即"爸爸妈妈希望你能更优秀、更顺利地长大，绝不会在这方面舍不得钱。我们会做你坚强的后盾，所以好好加油吧！"这样做也是很好的。

爸爸妈妈希望你能更优秀、更顺利地长大，
绝不会在这方面舍不得钱。
我们会做你坚强的后盾，
所以好好加油吧！

嗯！

用金钱教育奠定孩子人生的基石

父母需要明确的一点是，孩子总有一天要独自去面对那个没有父母保护的世界。因此我认为，对于父母来说，最理想的教育应当是"赋予孩子无论身处何种时代都能独立生存的能力"。而学会如何与金钱打交道、如何合理支配金钱，则是奠定人生基石的重要一环。

在不远的将来，孩子要面对的是一个急剧变化、充满未知的时代。在那样一个时代中，如果不能随着发展的步伐随时更新自身的知识储备和技能的话，大概很难生存下去吧。诚然，顺势而为很重要，但如果基础没打好，就只能被这些变化牵着鼻子走。反过来看，如果人生的基础打好了，就不会被一点点的挫折打倒。即便建起的高楼被飓风摧毁，也能凭借着稳固的地基迅速东山再起。

　　行销世界的《习惯的力量》(查尔斯·杜希格著)提到过,如果能成功改变一个习惯,那么整个人生也有发生剧烈变化的可能。这个关键性的习惯被叫作"基石习惯"。

　　如果一个人能在金钱方面养成良好的习惯,他的整个人生都不会差——这是我基于多年经验总结出的肺腑之言。正因如此,我希望父母能为孩子提供富于乐趣而又实践性强的、最优质的金钱教育。

第二章

什么是金钱教育

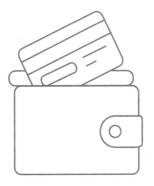

金钱教育教的是哪些内容

金钱教育能带来什么回报

　　在本章，我们将从"金钱教育是什么"开始，分析并说明在金钱教育中，父母究竟要教给孩子哪些重要的东西。而这些，恰巧就是一直以来学校和家庭教育中缺乏的东西。

在我看来，好的金钱教育应当要做到以下几点：

① 让孩子明白并切身领会"金钱原本是用做什么的，怎样做才能正当地得到它"，并将其作为一生的习惯来培养；

② 让孩子明白并切身领会金钱掌控力（把握—区分—管理），并将其作为一生的习惯来培养。

在我看来，通过利用零花钱的规则来开展金钱教育的题中之意，就是要完成上述①和②两个任务。接下来我将分别针对这两点进行说明和解释。

① 金钱原本是用来做什么的？怎样做才能正当地得到它？

第一章我提到过"金钱本来并没有好坏之分，它只是一种让生活更加便利的工具而已"（参照 P35），诸如此类有关金钱本质的观念一定要教给孩子（具体在何种时机教，我会在第三章做解答）。

除此之外，最重要的就是教导孩子"怎样做才能正当地得到它"，如果让孩子错误地认为只要能赚到钱就行了，极端点说，这可能会使他们为了钱而不择手段，哪怕去诈骗、去盗窃也可以。

因此，为了解释这个问题，我们需要给孩子树立一种观念，即"金钱是'感谢'的回报"。这个"感谢"的分量越重，你能得到的钱就越多——当然，这一点如果不解释清楚的话，就会让孩子形成"赚得到钱的原因在于能长期做不喜欢的事"或者"只要不做坏事就能赚大钱"等的错误观念。

②金钱掌控力（把握—区分—管理）。

说起金钱，一言以蔽之，就是"IN"（拿到手的钱）和"OUT"（花出去的钱）两大块，要让孩子明白，只有坚持"IN > OUT"的生活，才能攒下钱。然后，要向孩子解释，"IN"包括"收入（工资）"和"运用（投资收益）"两部分，"OUT"包括"浪费""消费"和"投资（包括自我投资）"三方面。

如不能达到无意识的程度便没有意义

金钱教育的目的在于让你所珍爱的孩子形成"一生的习惯"。

你是否听说过"技能习得的四阶段"？

第一阶段是"不知道"；

第二阶段是"知道但不会做"；

第三阶段是"需要意识支配才能做"；

第四阶段是"无意识的行为"。

以学习骑自行车为例：

第一阶段：不知道自行车是什么；

第二阶段：了解了自行车的原理，但不会骑；

第三阶段：会骑是会骑，但只能摇摇晃晃地缓慢骑行；

第四阶段：能顺畅稳定地骑行。

只有到了第四阶段才能算是孩子真正学会了骑自行车。

金钱教育与之完全相同。

如果仅仅只是停留在知道金钱掌控力很重要，但却无暇实践（知道但不会做），或者只是偶尔想起要"IN > OUT"，三天打鱼两天晒网（需要意识支配才能做）的层面，是没有任何意义的。

就像能熟练顺畅地骑自行车一样，让掌控金钱的"IN"和"OUT"成为无意识的习惯，这才是金钱教育应该达到的目标。希望你能让你所珍爱的孩子养成这样一种能伴随一生的习惯。

人生的初期设定在小学阶段就已完成

纯洁的心灵最容易吸收新知识

　　如果想让孩子学会什么东西的话，最好是趁他还在上小学的时候就打好基础——这是教育学和心理学领域的专家给出的建议。如果是运动技能，就应该让孩子掌握"身体的基本活动要领"；如果是学习，就应当让孩子了解"学习和探究的乐趣"等基础性内容。

实际上对照我自己的育儿经验，我也认同以上观点。

和运动、学习一样，金钱教育也遵循这一套规律。

我强烈建议在小学阶段开始对孩子进行金钱教育，为什么呢？

因为这一阶段孩子的心灵如同白纸一般，正是听取父母建议的绝佳时期。

由于最初孩子还没有形成任何习惯以及自己的想法，所以就像干燥的海绵能吸收大量的水分一样，能充分听取来自父母的意见，也能更快地养成相应的习惯。

而进入中学以后，随着年龄的增长和环境的变化，朋友的言行、老师的教导、从网络和漫画中了解到的事物等父母以外的因素，都会对孩子产生影响，并形成习惯。在那之后，父母言语上的教导难免会让孩子产生羞耻等负面情感，进而在自尊心的驱使下"强词夺理"，这都是因为孩子误解了父母的意思从而产生了抵触情绪。

不论做任何事情，零碎的知识和糟糕的习惯都无疑是进步的绊脚石。运动也好，学习也罢，如果能在上小学的时候就打好基础，今后的进步速度和成长方向相较于其他人会有很大的优势。

什么时候开始给孩子零花钱最好

结合孩子对金钱的认识和知识储备情况，及其生活与金钱的关联性来看，通过给孩子零花钱这一手段开展金钱教育的最佳时机是小学阶段。

首先，对上幼儿园甚至保育园的学龄前孩子来说，从现实角度理解金钱的确是很难的一件事。这个时期的孩子最多只在购物游戏里接触过玩具类钞票，或者在和父母去超市和便利店购物时看见过大人们用钱买东西的情景，但却还未形成"自己想要的东西要自己买"的观念。

而上了初中的孩子，其自我意识开始萌芽，不再像以前那样老老实实地听从父母的教导。正如前文所说的那样，这个时期的孩子会更容易受到周围环境的影响，早在父母对其进行教育前，就已经形成了一套相对固定的金钱观念了。

尤其是在这一时期，孩子的价值观非常容易受到好朋友的影响（亦即好朋友的家庭带来的影响），比如"我的 ×× 朋友，每个月能拿到 ×× 日元的零花钱呢"或者"我的朋友小 A，还有小 B，他们都已经有 ×× 了"。孩子会倾向于将朋友的价值判断标准等同于社会公认的价值判断标准，如此一来，金钱教育便很难开展下去了。

进入高中后，孩子可以开始做兼职了。由于孩子实现了一小部分的经济独立，父母所制订的零花钱规则中的金钱掌控力（把握—区分—管理）练习就更加难以进行了。毕竟在这一时期，孩子已经完全形成了自己的价值观。

综上所述，如果想通过零花钱来对孩子开展金钱教育的话，最好是从小学开始；从孩子在和朋友玩耍时，第一次产生了想要什么（漫画或点心等）的想法时开始（一般都处于低年级阶段）；或者从新学期开始的四月、进入暑假的七月，以及能拿到压岁钱的春节……之类的节点开始。（关于零花钱的支给方法我会在第三章进行详细讲解。）

"心灵纯洁期"的风险——一定要注意家庭中的言行举止

虽然我在前文中一再强调"应该在孩子心灵纯洁的小学阶段开展正确的金钱教育"的观点，但反过来看，"心灵纯洁的小学阶段，恰恰也是孩子最容易沾染错误的金钱知识和价值观的阶段"。

如果父母总是在看综艺节目的时候，不经意间抱怨着"有钱有什么好的"，或者夫妻俩总是为了钱的问题吵得没完没了，这些都会让孩子对金钱产生负面情感。

如果父母总是因为彩票的中或没中而时喜时忧，不仅会让孩子感觉"赚到大钱就应该开心，失去钱就应该为此而难过"，还会让孩子错误地认为"只有运气好才能赚很多钱，因此，普通人是很难成为有钱人的"。

如果父母一旦手头宽裕就给孩子大量的零花钱，就会使孩子养成一种对金钱的松懈感。

简单地说，对于心智尚未成熟的小学生来说，其对待金钱的方式和处理金钱的方法会直接从父母那儿原封不动地"遗传"过来。因此，父母要谨慎对待"家庭中与钱有关的言行"，不要把"支给零花钱"看成是一件不值一提的小事。

四种支给零花钱的模式

对孩子成年后的职业选择和金钱支配方式的影响

　　我曾对"利用不动产投资实现财富自由协会"的会员们进行过一项问卷调查，此后，还针对会员以外的其他人进行了访谈调查。调查的结果表明，"零花钱的支给方式"（或对于孩子来说的"获得零花钱的方式"）对孩子未来的职业选择和金钱支配方式有重大影响。

在这一过程中，我总结出了四种典型的零花钱支给模式。

① 定额制：在每日、每周或每月给孩子固定数额的零花钱。

② 报酬制：孩子通过帮忙买东西、洗碗等获得作为奖励的零花钱。

③ 按需支给：也可称为"无限制"，主要按孩子的需求给零花钱。

④ 无零花钱：父母不给孩子零花钱。

接下来我将详细说明不同的支给模式是如何对孩子成年后的职业选择和金钱支配方式产生影响的。

① 定额制

定额制是在每日、每周或每月的固定时间给孩子固定数额的零花钱。

有不少人有过这种感觉：小的时候可能每天或每周都能得到零花钱，等稍大点以后，就变成每月获得一次零花钱了。

在这四种模式中，最标准和最常见的就是定额制了。只是，这种每月一次固定"收入"的模式，会让你想到什么？

没错，就是在企业里工作的工薪阶层。

每月获得固定零用钱的孩子，有的并不知道有其他方式的存在（如报酬制）。因此，他们可能会非常单纯地以为，不论是零花钱还是将来的工资，都只会在一个固定的时间收到固定的数额。他们还会觉得"我只能得到固定数额的钱，所以我不能随便买东西，买东西前必须经过深思熟虑"。在未来做出自己的职业选择时，他们往往倾向于选择"在一定期限内有固定收入"的工作，因为这会带来安全感，这也是生活中大多数人最后都成了工薪阶层的原因。

与此同时，他们也会时常感到收入是有限的，所以这类人往往也是"IN > OUT"的坚定奉行者。然而，另一方面，他们也倾向于压抑自己的物欲和梦想。他们对自己每月、每年的收入有着明确的概念，然后将自己的所有想法限制在这个范围里，渐渐变成了一种习惯。但放眼将来，当有朝一日他们面临创新或创业的重大机遇时，这可能会成为他们成功路上的绊脚石。

② 报酬制

报酬制是通过帮父母做家务等形式获得奖励作为零花钱的模式，包括帮忙买东西、饭后整理碗筷、洗碗、叠衣服、清洁浴室、给邻居送东西等。在很多情况下，孩子觉得能帮到父母时是会非常开心的。我也经常和我的孩子商量："可以帮爸爸洗洗车吗？"如果孩子帮了我，我会说"谢谢你们，帮了我大忙了"，然后给孩子一些钱作为奖励。（我们家的零用钱支给制度在第三章会有更详细的介绍）。

通过做家务等形式换取零花钱的孩子可能也并不知道还有其他方式的存在，因此，他们也可能会单纯地以为，只要做了有用的事就能得到零花钱（将来的工资）。与这种思维方式接近的职业有个体职业者、手工业者和按全额佣金计酬的职业（如保险销售人员）。

在报酬制中获取零用钱的孩子，在未来做出自己的职业选择时，更有可能接受一些"越努力赚得越多"的工作。

因此，他们中的很多人最终走上了创业的道路。就算是受雇于其他公司，也倾向于选择有提成和奖金等工资不固定的岗位。与此同时，由于他们形成了

"钱是一波一波赚的""没钱了也没关系，再工作就好"
等价值观，所以他们对自己"IN"的能力相当有信心，
相应地也不太注重对"OUT"的控制。

③ 按需支给

在生活中，这样的场景你一定见过——当孩子对
父母说："我想要这个玩具，买给我吧！"父母二话不
说就同意了；孩子说自己要和朋友出去玩，想找父母
要 1000 日元时，父母头也不抬就答应了……这种情形
就是"按需支给"的典型体现。

按需支给型的家庭，一般分为两种情况。第一
种是不论孩子想买什么父母都会满足，这种也被称为
"无限制"型。这种家庭一般都较为富裕，因此父母总
是对孩子的撒娇有求必应。就好像小时候，你一定遇
到过这样的同学：他们家的房子很大，他也总是会在
小伙伴的面前说，自己家有很多玩具，只要去他家就
可以随便玩。

也有像下面这样的家庭，即使不那么富裕，但由于父母常年忙于工作，没时间陪伴孩子，还是会给孩子大量的金钱作为补偿，让孩子拿着钱去买好吃、好玩的东西，以弥补他们作为父母的愧疚感。

我认识的一个孩子，明明还在上小学，钱包里却总是放着好几张一万日元的纸币，并且对他的朋友们说："要和我一起去游戏厅玩游戏吗？钱我来出。"

另一种情况是，家长不允许孩子自行购买任何东西，不管买什么都得由父母来判断是否必要。在这种家庭中，所有事情的裁决权都掌握在父母手里，孩子就会在不经意间形成讨好父母的习惯。不仅如此，如果父母总是喜怒无常，情绪化严重，说话颠三倒四，孩子就会陷入困惑。更糟糕的是，孩子将来有可能成为一个丧失自我，毫无决断力，凡事都需要父母来拿主意的人。

不论是哪种情况，按需支给制都在无形中剥夺了孩子学习掌控金钱的机会。

这些以按需支给的方式获取零花钱的孩子也不知道有其他形式（定额制或报酬制）的存在，所以他们在成长的过程中就会形成"不管想要什么，只需向父母索取就可以了"的观念。遗憾的是，这世上并没有这样的好事（笑）。如果一定要有的话，那应该是欧洲的贵族阶层吧。

对那些不管想要什么都能立马得到、不管想要多少钱都能立刻到手的孩子，很难感觉得到"钱总有一天是会用完的"。金钱就像流水，很多成年人尚且不能很好地掌握金钱的"IN 和 OUT"，如果家中有人能负责管理金钱，大概还能让生活维持下去；如若不然，就会面临家庭破产的风险。

④ 无零花钱

虽然这种家庭占比非常小，但仍然存在。

就我的调查结果来看，没有一个家庭是出于"孩子没有零花钱会成长得更好"的想法而不给孩子零花钱的。一般都是"家境贫困，没有多余的钱给孩子当零花钱"等诸如此类经济上的客观原因。

没有零花钱意味着孩子必须通过自己的聪明才智以某种方式赚钱。然而，因为家里没有钱，孩子不能像报酬制模式那样通过在家里努力干活来挣钱。

那么孩子应该怎么做呢?

那就只有从"外面的世界"赚钱了。

有不少人告诉我，他们小时候会把捡到的饮料瓶收集起来卖给回收站，或者帮隔壁的婶婶干活以获取零花钱。

在我这个协会中，小时候"无零花钱"的无一例外都是成功的商人。他们小时候凭借智慧和勇气克服困难的那段经历给予了他们强大的自信。因此他们常常充满活力并总能积极地面对生活，对未来也具有相当的前瞻性。不仅如此，他们深知金钱的来之不易，所以绝不会轻易浪费钱，并在生活中始终坚持"IN > OUT"的基本原则。

如果仅从这一点看，"无零花钱"似乎是相当完美的一种模式。但一般而言，被人们视作"相对贫困"的那些人，绝大多数也都出自给不起零花钱的贫困家庭，他们之中"没有零花钱"却获得成功的人少之又少。毕竟，大多数人都会因出身贫寒而缺乏自我肯定，家庭所能给予他们的金钱教育更是寥寥无几。这使得他们更难成为有钱人。

孩子会无条件地"认同"父母的生活方式

至此，本书有很多关于"可能"的表述。因为任何情形都不是绝对的，毕竟适合自己的才是最好的，所以用"可能"来概括会更加准确。

因为读到这里，有些读者可能会说："我是在'定额制'而非'报酬制'下长大的。但毕业后我选择了自主创业，而不是受雇于某个企业。"所以，其实例外情况有很多。

　　我想表达的只是，父母对幼儿及少年期的孩子的
人格形成有重要的影响。因为，孩子只能从父母那里
知道生活方式应该是什么样的。

　　虽然说起来有点不雅，但是家里的厕所是一个很
好的例子，你无从知道其他家庭是怎样上厕所的。吃
饭、洗澡、睡觉也是一样，应该什么时候吃饭、什么
时候睡觉，孩子没有其他的范本可以参照，只有自己
家。因此家庭是孩子唯一的范本。

　　同理，对事物的看法、理解方式、思考方式等，
也和上厕所、吃饭、洗澡、睡觉一样。

　　孩子看到和听到最多的，都是父母的做法和想法
（或者是无意识的言行）。因为没有其他的参照，所以
孩子会自然而然地"认可"这些行为和想法，将它们
当成"正确答案"，并把它们作为自己的一部分，久而
久之，就构建出了自己的价值观。

在一个人成长和生活的过程中，除非遭遇重大事件和变故，否则人生观是很难改变的吧。而毫无疑问的是，形成人生观最初的基础往往都是由他的父母在其童年时为其打造的。你思考金钱的方式、你的价值观和你与金钱打交道的方式，无一例外都是你"认同"父母的所思所行的产物。

> "定额制""报酬制""按需支给"和
> "无零花钱"各自的优点和缺点是什么

决定"最佳方案"之前

在上一节中，我们介绍了支给零花钱的四种模式。本节我将更深入地介绍并解释每一种模式的优点和缺点。因为我们要根据每一种模式的优缺点来决定"支给零花钱的最佳方式"。

定额制的好与坏

定额制除了要决定给零花钱的频率是每天一次、每周一次还是每月一次，还要确定一次的金额是多少。最开始的时候，频率可能是"每天一次"，但随着时间的推移，一般的做法是逐渐降低频率，如每周或每月给一次。

它的优点是能给孩子一定的自由度，比如，孩子每周或每月得到一定数额的零花钱后要怎么支配，完全由自己决定。当孩子既想要零食，又想买漫画，同时还想要玩具时，就会发现自己的钱不够买这么多，所以就会去思考要删掉哪一个，或者考虑在零食上少花一点钱，这样就有足够的钱买漫画和玩具了。这些思考和权衡有利于孩子的自我构建和个性塑造。

然而，定额制有两个缺点。

一是如果父母没有正确地教育孩子，他们可能会误以为"钱只能是一种定期得到的东西"。另外需要向孩子强调的一点是，他们的零花钱来自父母的薪资，而父母的薪资是父母用工作换来的"'感谢'的回报"，不是白白得来的。尤其是在"定额制"下，同样的事情（同样的金额、同样的时间）反复发生，会很容易让孩子误认为一切都是理所当然的。当然，其他的几种模式也应当让孩子注意到这一点。

二是定期给孩子钱可能会让孩子觉得"把钱一次性花完也没关系，反正下次还会有的"。也就是说，会有让孩子养成"月光"习惯的风险。第一章我们提到过"年入 2000 万日元，存款为零"的例子（参考 P12），就与这种"月光"的情况一模一样。因此，在给孩子零花钱的时候，需要格外注意提醒孩子不能把钱一次性花完（具体方法会在第三章详细说明）。

报酬制的好与坏

报酬制是孩子通过饭后收拾碗筷、打扫浴室等帮父母做家务的途径，以获取奖励的形式得到零花钱的模式。我们在生活中经常遇到的，孩子帮父母买东西，找的零钱归孩子所有，以及帮父母捏捏肩、捶捶背获得零花钱的形式，都属于这一模式。

它的优点在于能让孩子切身体会到"只要帮人解决了问题或困难，或者做了让别人高兴的事，就可以赚到钱"，这其实是商业运行的基本原则。

【例①】

"既要准备做饭又有其他一堆家务要做，但还是得先清理浴室"（父母遇到了困难）

↓

"帮父母清理浴室"（帮父母解决困难）

↓

"得到零花钱"（让父母开心，所以得到了回报）

【例②】

"上班上得肩膀好酸"（父母遇到了困难）

↓

"帮父母捏肩捶背"（帮父母解决困难）

↓

"得到零花钱"（让父母开心，所以得到了回报）

大致就是上述两种情形。

是否有过这种体验，可能会对将来孩子是否能创业成功有着一定的决定性作用。然而，如果父母在孩子帮了忙以后，没有对孩子表达出"你的帮助让爸爸妈妈节省了很多时间"的意思就给孩子钱的话，那么将零花钱作为奖励的意义也就不大了。正确的做法是，当孩子帮你买了东西后，你可以对他说："你帮了妈妈大忙了。在你帮妈妈买东西的时候，妈妈多洗了几件衣服，还打扫了房间。"作为帮我解决困难的回报，我给你这些钱。

报酬制的确能在一定程度上培养孩子的商业头脑，但也存在着一些不可回避的缺点。

那就是，可能会让孩子变成"不给报酬的活我不干"的人。可能有一天，你慌慌张张出门时却发现浴室没打扫，想让孩子帮你打扫时，得到的却是"给我钱我就干"的一句让你惊诧的回答。

相信你在工作和生活中也遇到过这种人，他们会在大家面对某个新的挑战干劲十足时，冷不丁地来一句"做这些能得到什么好处吗""这些东西能赚钱吗"……把任何事情都用金钱来衡量。与此同时，他们还会养成吝啬的毛病。有时候合理的投资是可以让"钱生钱"的，但吝啬的人就很难把握这样的机会。

由此看来，报酬制也是一把双刃剑。

按需支给的好与坏

每次孩子向你要钱的时候，你都满足他的要求。这就是"按需支给"。

这种模式的好处是，你可能会培养出一个"足以改变世界的创新天才"。为什么呢？因为他在成长过程中从没为钱发过愁。对很多普通人来说，哪怕他们有一些好的想法，也会因为担心花太多钱而放弃付诸行动。但从没缺过钱的人，他们不会因钱而患得患失，所以在做任何事时都不缺尝试的勇气。

这也是一种"天真烂漫"型的人。

我曾在电视上看到过一个孩子，他的父母分别是成功的艺术家和专业运动员，他在节目里接受采访时说过："我经常用父母的黑卡（没有消费限制的信用卡）请小伙伴们吃饭。"这种人总能给我一种印象，那就是他们在生活中很少受到金钱方面的制约，看待事物的角度和方式也较为自由。难怪那么多艺术家都说他们是在"非常富裕的家庭"中长大的。

但这种"无所限制"在很多情况下是弊大于利的。那就是，孩子几乎完全没有机会去感受如何掌控金钱的"IN"和"OUT"。简单来说，就是即便成年了也不能自食其力地生活。除非他足够幸运，能遇到一个帮他掌控金钱"IN"和"OUT"的人（永不会背叛他，永远在他身边陪着他），也许还能好好生活下去。但这个人一旦消失，他就将面临个人破产的危机。

在我组建的"利用不动产投资实现财富自由协会"的会员中，也不乏这种"无限制"型的人。我曾问过他们，是在何种时机和情形下学会掌控金钱的"IN"和"OUT"的，令我感到不可思议的是，他们的回答无一例外都是"年轻时经历了事业上的失败后，切身感受到以后绝不能再那样做了，于是便开始从头学习有关金钱的知识"。

从那以后我便知道了，"要想获得成功，就必须在人生的某个阶段学会如何掌控金钱的'IN'和'OUT'"。另外，还有更重要的一点是，我的这些会员基本都是少数的幸运者。为什么这样说呢？因为他们都在人生的早期阶段经历了"强度刚刚好"的失败，这使得他们还有力气和信心可以东山再起。这样的失败反而给了他们一次反省自己、改变自我的机会，从而帮助他们开始了成功的人生。但如果，他们不曾经历过这种失败，（说得严重点）就有极大的可能走向毁灭性的结局。所以，我并不建议父母以"无限制"的方式给孩子零花钱。

也许你真的能用这种方式培养出一个能够改变世界的创新天才，但如果他没能遇到一个能帮他掌控金钱的完美伴侣，他就有必要在年轻时经历一次不至于终止其职业生涯的失败。换句话说，这是一种高风险、高回报的金钱教育，但以这种方式培养孩子，无疑是一种赌博。

再讲一个故事。我曾无意间浏览过一则新闻，讲的是一名被称为"天才"的运动员，其水平尚未达到专业运动员的程度。但他却在还未扬名立万时，就已经开始购买价格高于年薪的汽车了。这就是"IN ＜ OUT"的典型案例。在读这篇新闻时，我强烈地感觉到"掌控金钱与掌控人生是相辅相成的"。

一个人再怎么有才华，如果不能做到自律和坚持不懈的努力，其成功的概率基本为零。因此，让孩子从小养成"掌控（包括自律和金钱）"的习惯是非常必要的。

当然，如果你认为用定额制给孩子零花钱就和"无限制"无关了的话，就大错特错了。本书最开始的那段对话中，无意间满足了孩子的金钱要求的父亲，其实也是"无限制"的另一种表现，绝对不可以认为"平时都是定额制，就给一次也没什么的"或者"也没多少钱，不会有什么影响的"。

无零花钱的好与坏

这是一种由于家庭经济状况的限制，没办法给孩子零花钱的情况。这种情况下，划分好与坏的标准是"孩子是以怎样的心态面对这种现状的"。同样的情况下，不同的心态可能导致截然不同的结果。

如果孩子是以一种积极向上的态度看待这种情况，即"既然如此，那我就想想自己怎么赚钱吧"，并将想法付诸行动，最终赚到了钱，这一连串的过程能给孩子带来非常完美的成功体验。励志故事中讲述的那些成功的企业家，很多都是儿时家境较差，立志要走出贫穷的泥淖的人。这种坚定的意志最终成了他们成功的原动力。

在我的会员中，虽然不多，但仍有几位是从"没有零花钱"的童年里长大的。他们如今很多的经营理念和直觉，都是从他们少年时代的那些别出心裁的赚钱技巧中磨炼而来的。在我的印象中，他们对"掌握（有关金钱的）知识是很重要的""该花钱的地方就得花"等的成功理念一般都能很好地理解。

但如果孩子是以一种消极的态度去看待，又会怎么样呢？

"我家好穷""朋友们可以随意买的玩具和零食，我都买不起""小伙伴想要什么直接和家里说一声就行，我却说不出口"……长此以往，孩子的自信心和自尊感会受到极大程度的削弱。他们不敢去挑战新事物，丧失自我发展和成长的意愿，也看不清未来的方向。

根据我的调查结果，在"无零花钱"模式下长大的孩子，往往会走上两种截然不同的道路，即积极乐观，走向成功；或消极悲观，丧失自信。至于哪一种人更多，我想可能是后者吧？因此，如果不得不选择让孩子陷入"没有零花钱"的境地，父母至少要采取一些措施，多鼓励孩子，培养他们的自信心，帮他们形成乐观的心态。

获取零花钱的方式与自控力的关联性

长大后容易冲动消费的类型

我认为，支给零花钱的方式（对孩子而言是获取零花钱的方式）与孩子成年后的自控力有着极大的关联性。

特别是在"无限制"模式下长大的孩子，每次孩子缠着父母说"我想要那个玩具""我想玩那个玩具""给我点钱吧"的时候,父母总是毫不犹豫地掏钱给孩子买,于是孩子就养成了"不知忍耐"的习惯。

那么,这样的孩子长大以后会怎么样呢?

他们可能会更容易冲动消费。比如,他们会在看到购物频道做宣传的时候,不去考虑这个东西该不该买就直接下单。因为他们从小习惯了想要什么东西就立刻得到的感觉,而冲动消费就是这种习惯延续到了成年后的表现。

"忍耐"不仅对于金钱,对其他事物来说,这样的控制力也是一种重要的品质。如果孩子不能通过零花钱这件小事学会怎样去"忍耐",去"克服"的话,长大后可能会非常易怒,或者一遇到问题就放弃,并且很难与他人和睦相处。

那么,冲动消费是否只会出现在"无限制"模式下长大的孩子身上呢?

当然不是。其实从小没有零花钱用的孩子,长大后也容易冲动消费。在我的熟人中，有不少都出自贫困的家庭，小时候从来没有从父母手中得到过零花钱。但他们在事业成功以后，在买豪车和奢侈品上毫不吝啬。用他们自己的话说，就是"我好像就是为了能过上想要什么就能买的生活才这么努力的"。然而，这种有了钱就可以肆意挥霍、毫不控制的快感，与"想要什么就能买"的快乐似乎有些不一样，前者听起来更像是"不花钱就不安心"的强迫性行为。

在"无限制"模式下长大的人之所以会冲动消费，是因为他们小时候没有养成"忍耐"的习惯；而在"无零花钱"模式下长大的人，则是因为小时候过度的"忍耐"才导致了成年后的冲动消费。所以，父母在利用零花钱训练孩子的忍耐力的时候，一定要注意"压力与忍耐"的适度平衡。

钱可以买到人际关系吗

用金钱处理人际关系的后果

在我看来，"获取零花钱的方式"对一个孩子人际关系的构建有重要影响。

我在具体介绍"无限制"模式时提到过，有的父母因忙于工作无暇陪伴孩子，所以会给孩子大量的零花钱，以弥补他们作为父母的愧疚（参照 P64）。于是这个孩子就把好几张一万日元的纸币放在钱包里，以便随时对他的小伙伴们说："要和我一起去游戏厅玩游戏吗？钱我来出。"这个极端的例子充分反映出一种"用钱买友谊"的观念。

即便成年以后，你是不是也听说过"钱可以买到人际关系"？

例如，甲方在乙方面前摆架子就是一个典型的"用钱买人际关系"的例子。乙方可能会想："要不是因为工作，谁会和这种人来往？"这其实并非人际关系，只是金钱交易关系罢了。

追求心上人也是如此。为了能赢得对方的青睐，另一方把辛苦赚来的工资不断地花了出去，而对方却不吃这一套，根本没有谈恋爱的想法……这种例子也是蛮多的。

曾经有一个被称作"纪州唐胡安"的人，将"用钱买人际关系"视为生活的真理。他有一段时间上过新闻头条，你们可能听说过他。我之前只是在网上和电视上看到过一些他的新闻，所以对他的了解也并不全面。但在写这本书时，我又查了很多资料，最后发现这个人的人生可谓是跌宕起伏。他在 4000 名美女身上一共花了 30 亿日元，老了以后还被一名女子偷走了 6000 万日元，最后死得不明不白。

从我所查到的关于他的资料和其他提到过他的书来看，他似乎很享受自己的生活。他儿时生活贫穷，长大后只想着用钱来取悦女人，他身边也没有一个值得信任的可以帮他管理财产的人。他这如过山车般的一生，一直都被金钱牵着鼻子走。

也许有人曾经在"用钱买人际关系"上获得了成功，但那都是暂时的。所谓"钱去人散"，一旦失去了金钱，这些所谓的人际关系也就随之消失了。

但也有人是因为害怕一旦没钱了，人际关系也会跟着崩塌，所以总想用钱解决问题。遗憾的是，这种担心是毫无意义的，因为金钱是买不来好的人际关系的。因此，父母要避免向孩子灌输这种错误的价值观。

40 岁左右拥有 2000 万日元以上金融资产的人的共同点

用何种手段才能获取 2000 万日元的金融资产

我在前文论述了"忍耐"这一品质的重要性（从 **P83** 开始）。当然，这一品质也是我组建的"利用不动产投资实现财富自由协会"会员们所共有的特性。

在这群平均年龄大约为 40 岁的人看来，如果没有"为了远大的目标而适当地放弃眼前的快乐"的自控

力，就不可能在进入社会的 20 年间，积攒出如此多的
金融资产（可自由支配的钱）。

具体而言，他们成功的原因可以分成三种情形。

第一，遗产继承。

前来"利用不动产投资实现财富自由协会"咨询
的人中，说自己继承了一大笔遗产的不在少数，可见
这的确是一项占比较大的经济来源。

第二，储蓄。

不过，想要攒 2000 万日元并不是一件容易的事。
一年攒 200 万日元的话需要 10 年，一年攒 100 万日元
的话就需要 20 年。工薪阶层如果不能从刚入职时就做
好储蓄规划的话，到 40 岁时恐怕很难实现 2000 万日
元的储蓄目标。因此我的会员绝大多数都经营着一家
甚至多家企业，或者从事医生等收入较高的职业。

第三，资产管理。

这种情况比较有代表性的是，通过炒股赚到了

2000 万日元。前来咨询的人中，比起当日平仓交易等的短期投资，更多的是利用基金进行长期投资。

在我的印象中，我的会员里通过遗产继承、储蓄、资产管理致富的比例，大约是 1：1：1。当然，这三种情形其实并不能完全分开。比如有的人就是从父母那里继承了遗产再投资，这样的话就杂糅了遗产继承和资产管理两种情形。

以上三种方式的成功，哪种可复制性更高

那么话说回来，遗产继承、储蓄和资产管理这三种方式，哪种的可复制性（自己也可以做到）更高呢？我先表达我个人的观点，储蓄和资产管理同时进行的可复制性最高。为什么这么说，因为从父母那里继承来的遗产数额，并不在自己的可控范围内。

而储蓄，说得夸张一点，哪怕收入不高，也都能从牙缝里挤出一点钱，最后攒到 2000 万日元；或者以

创业等方式赌一把，最后成功赚到 2000 万日元的可能
性也不是没有。

不管怎么说，最重要的还是要有努力和拼搏的决
心，这才是对每个人来说最可靠的方法。

另外，从股票等资产管理手段来看，如果股价上
涨，金融资产会随之增加，但如果股价下跌，资产将
立即减少。由于涉及相当大的风险，炒股一般需要一
定的技能、知识和耐心作为基础。当然，运气也很重
要。股价往往极容易受到经济环境和其他因素的影响，
人力所能控制的因素极少。不过，你可以控制买哪只
股票和买进卖出的时机。如果你有相当好的股票挑选
的眼光和审时度势、见机行事的能力，这倒也是一项
不错的投资选择。

而我一直在做的房地产投资，对投资者本人的能
力要求不高，也就不用花费太多的精力和努力，对知
识储备的额外要求也微乎其微，只要有足够的钱基本
上都能做。所以这是一种相当具有吸引力的投资。

因此，你完全可以根据自己的情况选择最适合的方式，适合自己的才是最好的。

突然得到一大笔钱时应该有的一种意识

在这本书中，我最想告诉你的还是前文所述的内容。那就是，无论你是通过继承、储蓄还是资产管理获得了一大笔钱，如果你没有从小培养起"忍耐"的习惯，你会很快就失去这笔钱。

那么，如果突然得到一大笔钱，你会怎么做？比如，一个人继承了数千万日元的遗产。有了这笔钱后，他买了豪车，整天开着车吃吃喝喝，于是这笔钱很快就用完了。这样的故事在现实生活中屡见不鲜。另外，最近好像有些人通过炒虚拟货币发了大财。但却在赚了钱之后大手大脚地花钱，同时为了赚更多钱而进行高风险、高收益的投资，结果亏得一干二净。

所以，不论你通过何种途径赚到了钱，你都需要注意，最重要的是"钱到手以后你该怎么做"。

本已经到手的钱没过多久就亏得一分不剩，其实也没什么，大不了再从零开始。但是，所谓由奢入俭难，一旦陷入了挥霍的快感，就很难再回到以前的生活状态了。回过头来你会发现自己不仅陷入了财务危机，身体和心灵也变得千疮百孔了。

这种"极度消极"的状态是非常可怕的。

电视上经常有关于"彩票中大奖后的下场"的专题报道。这些人中，绝大多数都过着不幸的生活，这都是因为天降横财使他们突然失去了对生活的控制。

所以，为了避免出现这种情况，首先你需要思考的是"你想过怎样的生活"。在此基础上，要以坚定的价值观和正确的知识武装自己的头脑，再去思考"怎样把这一大笔钱当作'工具'来使用"。若非如此，即便有再多的钱，也只能过着被金钱摆布的生活。

因此，培养"忍耐"的习惯一定要从小抓起。最好的办法，就是通过零花钱的各种规则让孩子了解"忍耐"的重要性。

这家人搬走了吗?

这家人连夜逃走了呀,所以这屋子里没人了。

连夜逃走了? 为什么?

好像是赌博还是别的什么事把家底都败没了吧,就只好去借钱,借了钱又还不上,天天被债主上门追债,所以才逃跑了吧。

借钱这种事绝对不能干!

幸纪呀,虽然你听了这些会觉得借钱是件可怕的事情,但其实借钱本身并不完全是坏事。如果你在工作中确实需要一笔钱,并且也的确有能力偿还,那么这个钱就借得有意义。而且你看,你爸爸不也借着钱吗?

我从母亲那里学到的有关金钱的两件事

债务也分"好的债务"和"坏的债务"

我们每个人都是在父母的教诲下长大的,这些融进了我们的价值观,最终伴随我们一生。我也是这样。我的母亲也曾教过我一些关于金钱的观念,让我受用终生。

第一点就是，"借钱并非都是坏事"。

因为我在本书中反复强调过绝对不可以轻易借钱，所以有些读者看到这里可能会有些疑惑。不过，借钱这件事的确有好坏之分，不能一概而论。这些都是我从母亲那里学来的。

记得我上小学的时候，有一次母亲开车载着我，路上看到一间闲置的房屋。我很疑惑，这么大的房子竟然没有人住吗？于是我问道："这家人搬走了吗？"

我母亲回答道："这家人连夜逃走了呀，所以这屋子里没人了。"

"连夜逃走了？为什么？"

"好像是赌博还是别的什么事把家底都败没了吧，就只好去借钱，借了钱又还不上，天天被债主上门追债，所以才逃跑了吧。"

虽然我当时年纪还小，听到这些还是受到了不小的冲击，并使我感到借钱这件事十分恐怖。于是我赶紧跟母亲说："借钱这种事绝对不能干！"

但是母亲却并没有应和我的话，只是接着说道："幸纪呀，虽然你听了这些会觉得借钱是件可怕的事情，但其实借钱本身并不完全是坏事。如果你在工作中确实需要一笔钱，并且也的确有能力偿还，那么这个钱就借得有意义。而且你看，你爸爸不也借着钱吗？"

当时，我父亲是一名木匠师傅。建造房屋时，他负责雇用工人和购买材料。但只有在房子完工后我父亲才能收到钱，所以他不得不从银行借钱来垫付工人工资和材料费用。

如果我小时候仅仅只知道借钱是件可怕的事，长大后会怎么样？我大概会因这种偏见对借钱这件事敬而远之，从而难以将它视作发展事业、扩大业务的工具，并最终失去成功的机会。

说到这里可能有点偏题，不过，当我开始涉足房地产业务后，确实再一次意识到了母亲的那句"借钱并非都是坏事"所言非虚。

现在，我们设想一种情景：

你买了一套房子，向银行借了 4000 万日元的贷款，而这时你恰好继承了一笔 4000 万日元的遗产。现在，摆在你面前的有①和②两个选项。

① 用这笔钱偿还贷款，从而回到"贷款为零、存款为零"的状态；

② 不动用这笔钱，也不着急还贷款，保持当下"贷款 4000 万，存款 4000 万"的状态。

我猜，大概会有很多人为了摆脱贷款压力，选择①吧？但从商业角度来看，也就是从银行的角度看，对选择哪一种的人评价更高？答案当然是②无疑。

原因在于，你所拥有的是 4000 万日元的现金。

银行判断一个人（或法人组织）破产风险大的依据是什么呢？那就是"债务为零、存款也为零"的人破产风险更大。这种人但凡收入稍微减少一点儿，就会立即陷入入不敷出的境地。但对于手里有着4000万日元现金的人，银行就会认为，即便他遇到困难或者危机，有4000万日元在手，问题总是可以解决的。

从收益性的角度来看，选项②也是不二之选。

如果一次性还清了住房贷款，省下的不过是贷款的利息而已。如果按年利息1%来算，一年也就挣了40万日元。但如果用4000万日元的现金来购买另一套房产，并且是一套二手的、收益良好的房产，其收益率将达到10%至15%左右。即便算上税费等其他支出，最后也能净赚约400万日元，其收益比省下来的利息高出了十倍。

比起突如其来的大笔财富，有价值的收入来源更重要

小时候我从母亲那里学到的另一件事，就是"细水长流"的重要性。

小时候我们家属于兼业农户，家附近有一大片稻田，不过其中的大多数土地都被租给了周围的农民。在我上小学高年级的那段时间，市政府的人常来我家和我父母谈话。我很好奇他们来干什么、谈了些什么，问了母亲之后，她回答我说："市政府想买下我们家那块地，所以希望我们把稻田卖给他们。""他们愿意出多少钱来买呢？"我继续问道。

我们家从不避讳在孩子面前谈钱，所以我的母亲也毫不隐瞒地回答了我。只记得当时我对那笔钱的数额感到十分震惊，以至于我都忘记了它具体是多少。于是我向母亲确认道："那我们要卖吗？"当时我觉得母亲一定会做这笔买卖。

然而母亲却毫不犹豫地回答道："不卖。"我感到万分不解，所以继续问母亲原因。她语重心长地告诉我："幸纪，如果卖了这块地，我们的确能拿到一大笔钱，但这些都只是一时的。如果我们把地租出去，确实不能一口气赚这么多，但我们每个月都会有一定的收入。这种长期的收入比突如其来的横财更有价值。"

虽然最后母亲的拒绝无效，市政府还是收走了那块地，但她的这番教导使我至今记忆犹新。

父母关于金钱的教导，足以影响孩子的一生

成年后再想起母亲的那番话，我逐渐意识到它反映出的其实是一种商业思维。也就是，你是更重视一次性的客户，还是长期的客户？不过当时还没有这种说法，比较常见的是引导客户进行"细水长流式的消费（订阅式消费）"。

伊索寓言里就有这样一个故事。

有一个人买了一只会下金蛋的鹅，他通过卖鹅下的金蛋变成了有钱人。由于这只鹅一天只能下一个蛋，这个人逐渐变得不耐烦起来，他想要尽快挣到更多的钱。于是他想着，如果可以杀了鹅，剖开它的肚子，就能一次得到很多金蛋了。但当他真的剖开鹅的肚子以后，却发现里面一个蛋也没有，他也因此失去了那只珍贵的鹅。

母亲并不知道何为"商业模式"，自然也不会理解近年来流行的"订阅式消费"。但她却深刻理解了其背后的实质，这一价值观在我的思想中仍坚不可摧地存在着。

以上就是我从母亲那里学到的关于金钱的两件事。

不过，我并没有要把母亲的话当成金科玉律的意思，我也知道一定有人对"债务也分好与坏""比起一时的收入，长期的收入更好"持反对意见。而我想说的，并不是这些想法的对与错，而是想证明一点：父母和孩子之间不经意的对话会在孩子的脑海中留下生动而强烈的记忆，并对孩子的未来产生巨大的影响。

第三章

试试吧！开始对孩子实施"金钱教育"

对孩子效果极佳的"零花钱支给方法"大揭秘

提高金钱素养的两大重要支柱

我想在本章具体介绍一下零花钱的支给方法。首先，我再重申一下第二章提到的对金钱教育的理解：

① 让孩子理解并切身领会"金钱本来是用来做什么的""怎样做才能正当地得到它"，并将其作为一生的习惯来培养。

② 让孩子理解并切身领会金钱掌控力（把握—区分—管理），并将其作为一生的习惯来培养。

为了能培养以上两种习惯，我在这里强烈推荐一种零花钱支给方法：

那就是——

加倍偿还 + 感谢的回报 这两大支柱。具体而言，"加倍偿还"就是在基本定额制的基础上，如果某一次的钱有结余，那么下次就增加零花钱的数额。"感谢的回报"就是如果孩子给父母帮忙做事了，就能得到相应报酬的报酬制。

一开始可以只采用在定额制基础上的"加倍偿还"，等慢慢步入正轨后再加上"感谢的回报"，这样是最好的。

这是在第二章所提到的四种模式的基础上，对定额制和报酬制的有机结合，它充分发挥了二者的优势。以下各节将对这两项分别进行解释与说明。

使剩余的钱翻倍的机制——零花钱
支给方式① "加倍偿还"之一

能让孩子自己调控的零花钱支给方法

　　"加倍偿还"这个词，你是不是觉得在哪里听过？没错，这是我从之前的人气热播剧《半泽直树》中借用来的（笑）。不过，它在这里的意思和剧里的可完全不同。这套方法并不是因这个词而创造出来的。毕竟在《半泽直树》热播之前，我就已经开始在自家孩子身上实践这一方法了。那么，"加倍偿还"究竟是一种什么样的方法呢？

首先，这一方法中最能让孩子兴奋的点在于"剩下多少钱，下次就能多得多少钱，这就相当于剩余的钱翻了一倍"。至于这一方法从何时开始实施、实施前要做哪些准备，以及大致的操作流程，接下来我将一一进行讲解。

◆ 开始的时机

从小学低年级（6～8岁）左右开始最好，因为此时孩子的内心非常纯洁，像一张白纸，更容易听取父母的意见和建议。

不过，可能有的父母会觉得自家孩子已经进入高年级，担心错过了最佳时期。没关系，金钱教育什么时候开始都不算晚。

另外，新学期、暑假前，以及过年之类的节日是相当好的开始时机。

◆ 需要做的准备工作

① 调查一下零花钱的"附近行情"（与自家孩子年纪相仿或者稍大一点的孩子零花钱是多少）。

② 提前明确有哪些花销是需要由父母承担的（参照 P118）。

③ 协调好新年礼物、生日礼物、红包与零花钱的关系。

④ 为孩子准备一个用来存放零花钱的钱包。

⑤ 为孩子准备一个专用于"加倍偿还"的存钱罐。

⑥ 以孩子的名义开设一个银行账户，用于存入孩子放在存钱罐里的钱。

◆ 情景假设

假如你打听到的"附近行情"是每月 1000 日元，那么就请你翻一番，每个月给孩子 2000 日元（理由会在后面详述）。

◆ 大致流程

当你准备开始支给孩子零花钱的时候，你要对孩子说："从这个月开始，每个月你都会收到 2000 日元的零花钱。一个月之后，你剩下了多少钱，爸爸妈妈就会为了奖励你，额外多给你多少钱。如果你能做到剩下一半，也就是 1000 日元，就非常棒了！"这样向孩子认认真真地讲清楚，直到孩子完全理解这种零花钱的规则。说完之后，你就可以在孩子钱包里放上 2000 日元了。

◆ 实施过程中的注意事项

这 2000 日元要怎么用，应当由孩子自己决定。买漫画也好、买零食也好、买杂七杂八的小零碎也好……都是孩子的自由。父母可以适当过问孩子买了什么东西，也可以在孩子主动询问建议时给一些指导，但是不建议对孩子的花钱方式指指点点，干涉孩子的决策。

一个月过去后，孩子剩下了 800 日元，这时你就要告诉孩子："上个月剩了 800 日元，那么这个月就在 2000 日元的基础上再给你加 800 日元吧。"然后，一边鼓励孩子"继续加油哦"，一边和孩子一起把剩下的 800 日元和作为额外奖励的 800 日元（共计 1600 日元）全部放进存钱罐里吧。

当存钱罐里的钱存到一定数额后，每过一段时间（比如半年），就可以把钱存入之前办好的银行账户里了。记得保存好存折，每一笔交易在上面都会有记录。

当孩子每月都能剩下足够的钱时（例如连续三个月以上能剩下一半），就可以适当延长发放零花钱的周期（比如每两个月给一次，一次给 4000 元，每两个月检查一次余额）。大概是从一个月一次，到两个月一次，再到三个月一次，最后到半年一次，以这样的形式推移。最终停留在半年一次，并长期维持这样的频率是最好的。

不过，也可能存在这些让父母感到不安的情况——"孩子第一个月就把钱全部花完了"或者"一个月的周期太长了，对我家孩子来说太难了"。针对这些情况，可以适当变通，比如一个星期给 500 日元，工作日每天给 100 日元，适当缩短发放零花钱的周期。

附：

\\\ 零花钱支给方式① ///

"加倍偿还"的要点归纳

◆ 开始的时机

◇ 最佳年龄阶段是小学低年级。

◇ 开始的最佳时机是新学期、暑假前，以及新年之类的节日。

◆ 需要做的准备工作

◇ 钱包（用来存放每月的零花钱）。

◇ 存钱罐（用于存放"加倍偿还"的本金和奖金）。

◇ 银行账户（放在孩子名下）。

◆ 具体做法

① 以每月一次的频率给孩子"附近行情"数额两倍的零花钱。

② 一个月后，在给次月的零花钱之前，看孩子上个月还剩下多少钱，并在这个月零花钱的基础上，加上余额同等数额的奖励。

③ 将"上个月的结余"与"这个月的奖励"一同放进存钱罐存起来。

④ 存钱罐里的钱攒到一定程度后，将它们存入孩子的银行账户。

（示例）

当"附近行情"是每月 1000 日元时，将孩子的零花钱设置为 2000 日元 / 月。

→ 一个月后剩余 800 日元的话，这个月就给孩子800 ＋ 2000 ＝ 2800 日元。

→ 把上个月剩余的 800 日元 + 这个月作为奖励的800 日元（共计 1600 日元）放进存钱罐。

注意事项

◇ 在开始给孩子零花钱之前，需要详细说明这一规则。

◇ 协调好新年礼物、生日礼物、红包与零花钱的关系。

◇ 零花钱的用途由孩子自己决定，父母不可以干涉。

◇ 每个月都能有所结余的话，可以适当延长发放周期。

◇ 每个月都很难剩下钱的话，可以适当缩短发放周期。

为什么"加倍偿还"是金钱教育的理想选择——零花钱支给方式① "加倍偿还"之二

偏离原来的目标　再怎么坚持也是徒劳

本节我们将继续讲解"加倍偿还"，具体围绕它的目的、效果、开始前的准备工作、实施过程中的注意事项来说明。

如果你在这一过程中偏离了最初的目标，忽略了需要注意的要点，盲目前进，恐怕是达不到预期效果的。

"加倍偿还"的目的与预期效果

用"加倍偿还"这一方法的目的在于，让孩子养成"IN > OUT"的掌控金钱的习惯。

毕竟，一般的定额制是很难让孩子感受到省钱（通过存钱以得到想要的东西）的好处的。

于是，我就设计了"只有结余的钱可以翻倍"的奖励机制。与此同时，这一设计也与资产管理的理念不谋而合，孩子借此可以获得理财的模拟体验。

在现实情景中，资产运用（如股票）的本质就是"投进去的钱或增加或减少"，但"加倍偿还"并不存在这样的风险，因为每个月剩余的钱最后必然会增多。所以，我希望通过这种方式让孩子明白，"有结余才会有增长"的重要道理。

我曾在自家孩子身上实践过"加倍偿还"这一方法，她现在已经成年了。我从小学低年级时开始以这种方法给她零花钱，一直到初中毕业（进入高中后就可以自己做兼职赚钱了，所以我们家的零花钱支给模式转变了为普通的定额制）。

借助"加倍偿还"来管理零花钱，可以让孩子掌握以下能力（参照 P139）：

◆ 忍耐

◆ 思考金钱的使用和分配问题

◆ 制订计划

◆ 设计管理金钱的方法

此外，"我成功省下钱了"的体验会给孩子带来成就感，这种成就感又会成为孩子下一个月省钱的驱动力。

当我把我女儿们自己名下账户的存折交到她们手上时，看着存折上的数额一点点增多，她们会感到自己真的被当作大人来对待。看到自己一点一滴的努力都被记录在了这本小小的存折上，那种喜悦是难以言表的。

在这种一分一毫的积累中，她们自然而然地会将"IN > OUT"的金钱掌控力内化于心，外化于行，从而使其成为伴随一生的习惯。

提前明确父母所要承担的支出范围

"父母应当承担哪方面的支出呢？"这是开始支给孩子零花钱之前，父母所需要讨论并明确的问题。而每个家庭的情况不同，故这一问题的正确答案也并不唯一。因此，我将在下文提供一种思路作为参考。

① "投资"的钱由父母出。

这些钱包括但不限于孩子的学费、书本费、课外班和暑期培训费、夏令营报名费等的"自我投资"（在这里指与孩子成长相关的投入）支出。这部分支出显然不是孩子用零花钱就能负担得起的，所以应该由父母来承担。

并且，父母应该尽量满足孩子自我成长和发展的需求，不要在教育投资上锱铢必较。不过，父母在为孩子花这笔钱的时候，要用通俗易懂的语言认真地告诉孩子："因为这些有利于你的成长，所以爸爸妈妈愿意出钱。"

② "消费"的钱由父母出。

此外，购买文具、衣服等日常生活必需品，即"消费"部分的支出，也应当由父母承担。不过，在购买文具和衣服时，最好不要毫无计划地什么都买，而是父母和孩子一起商量哪些是真正需要的，再有节制地购买。

③ 日常的"浪费"由孩子用零花钱承担。

孩子与朋友出去玩产生的花销，或者花在兴趣爱好上的钱，都被划分至"浪费"这一类。像是杂志、玩具、零食、奶茶果汁、小摆件和饰品……这些都是孩子能用零花钱买的。所以零花钱最好由他们自己支配，去买这些他们想要的东西。

协调好新年礼物、生日礼物、红包与零花钱的关系

一般而言，家庭生活中孩子有机会获得礼物或者金钱的情形往往有以下几种：

◆ 零花钱（从父母那里得到的钱）

◆ 红包［从父母、（外）祖父母和亲戚那里得到的钱］

◆ 生日［从父母、（外）祖父母那里得到的钱或礼物］

◆ 新年［从父母、（外）祖父母那里得到的钱或礼物］

◆ 其他［探亲时从（外）祖父母、亲戚那里得到的钱或礼物］

从中不难看出，零花钱仅仅是其中的一种。

因此，靠存零花钱买不起的自行车、游戏机、大型玩偶等一般会以新年礼物或生日礼物的形式获得。另外，为了保证零花钱基本规则的正常运行，需要父母有意识地协调新年礼物、生日礼物、红包与零花钱的关系。比如，孩子得到红包后，让他把其中的一万日元作为"临时收入"，剩下的都要存起来。或者探亲回来得到的红包，一半作为"临时收入"自由支配，另一半存进银行账户。

一开始就要告诉孩子"管理零花钱是绝佳的锻炼机会"

父母在准备用"加倍偿还"的方法给孩子零花钱时，要认认真真地告诉孩子"给你零花钱的这段时间是一个让你学会如何与金钱打交道的绝佳锻炼机会"，即便孩子还是小学生，只要父母能使用通俗易懂的语言认真地说明，孩子是肯定会明白的。比如，我当初是这样对孩子说的："从今天开始爸爸妈妈会像这样给你零花钱，但你自己的想法和决定也很重要。这些钱要怎么花，怎么攒，都需要你自己来思考。"

从今天开始爸爸妈妈会像这样给你零花钱，但你自己的想法和决定也很重要。这些钱要怎么花，怎么攒，都需要你自己来思考。

从一开始，就要把孩子对父母的信任、父母对孩子的期待都说清楚，只有这样才能让孩子自主自觉地做到最好。

为什么要给孩子"附近行情"数额两倍的零花钱

针对前文中我提到要给孩子"附近行情"两倍的零花钱，可能会有人感到疑惑："为什么要两倍呢？不会太多了吗？"

对此，我的理由是，为了不让孩子"IN ＞ OUT"的尝试以失败告终，让他们能切实体验到掌控金钱的成就感。

虽然我们总说，失败是成功之母。但从行为分析学的研究成果来看，要使某种行为成为习惯，就必须积累相关的成功体验。正因为成功可以带来愉悦，所以才能促使个体再次采取相同的行为。而反复的失败不仅会让人丧失信心，它带来的挫败和失落感也会让人失去坚持下去的动力。

"狮子会将幼崽推下万仞之山"——敢于失败的斯巴达式教育在如今看来，对于培养行为习惯初期的孩子来说，可能"百害而无一利"。

通常情况下，如果你给孩子"附近行情"两倍的零花钱，他们和其他孩子出去玩回来后，别人没钱了，他们还能剩一半的钱。或者只要他们比别人稍微节省一点，就有极大的概率剩下很多钱。

只要能剩下一点钱，就是成功；如果能剩下很多钱，就是非常成功。

为了能让孩子体验更多的成功的喜悦，就请给孩子预留更多"剩下钱"的余地。

父母绝对不能陷入的两大误区

在实行"加倍偿还"时，有两件事父母绝对不要做。

第一，当孩子没做好时批评孩子。

当你给了孩子两倍的零花钱，并叮嘱道："你的零花钱可是你朋友的两倍哦，等一个月后，你至少要剩下一半。"作为父母，这句话其实是在向孩子表达"最多只花一半"的期望。但作为孩子，他们可能会多花一些，甚至会禁不起诱惑，把钱全部花完了。

即使在这种情况下，你也绝对不可以批评孩子。

原因在于，我们的最终目的是让孩子从成功中体会到成就感，最终形成习惯。而形成习惯的过程中，最重要的就是连续的成功。毕竟只要能剩下一点点钱，就算是成功。

即使花光了全部的钱，从孩子管理了一个月的零花钱的这个角度来说，也算是一部分的成功。总之，一定要对孩子的努力给予肯定。因此，作为父母，首先要认可孩子的成功，然后才是提醒孩子："这个月花得有点多了，希望你下个月能多存一点钱。"反之，如果父母去质问孩子："你怎么失败了呢？"那我们最初的目的就永远也达不到了。

第二，随意把零花钱的数额提高到"附近行情"的很多倍。

比如，你按"附近行情"两倍的标准，每个月给孩子 2000 日元零花钱，但他每个月都花得一分不剩。这时，你突然觉得"一定是 2000 日元太少了，为了能让孩子成功，不如把标准提升到 5000 日元吧？这样下个月一定能剩下点钱了"。肯定有人会觉得这是一条"妙计"吧？

这实在是大错特错。

为了能让原计划顺利进行下去，随意提高零花钱标准，相当于完全偏离了"IN > OUT"的初衷。如果孩子不能顺利省下钱的话，应该做的不是提高零花钱的数额，而是缩短支给零花钱的周期，这样就能降低攒钱的难度了。

比如，可以将每月 2000 日元，改为每周 500 日元，并在每周末问问孩子是否省下了钱，和孩子及时沟通。如果仍然省不下钱，那就进一步缩短周期，改为周一至周五每天 100 日元，尽可能地为孩子创造更多获得成功体验的机会。

从"感谢的回报"中理解金钱的
本质——零花钱支给方法②
"感谢的回报"之一

"加倍偿还"与"感谢的回报"的优点与隐患

等"加倍偿还"步入正轨后，一定要再加上"感谢的回报"。

"感谢的回报"是孩子通过帮助父母做家务获取金钱的方式，等同于报酬制。但是，为什么要以"加倍

偿还"和"感谢的回报"作为支给零花钱方法的两大
支柱呢?

　　这是因为两者虽各有优劣,可一旦双管齐下,便
可扬长避短。

"钱可以自动到手"的误解

　　在定额制的基础上使用"加倍偿还"的好处
是,它为一定期限内固定数额的金钱创造了更多变
化的可能,除了可以培养孩子"IN > OUT"的金
钱掌控习惯,更是对孩子将来进行资产管理的提前
演练。

　　当然,这其中的隐患也是显而易见的。

　　"加倍偿还"的隐患,本质上也就是定额制的隐
患。那就是如果每个月固定给孩子零花钱,可能会让
孩子误以为"时间一到,钱就自动到手了",从而很难
体会到钱的来之不易。

此外，定额制的另一个隐患是可能会限制孩子的思考与潜力，也就是限制了孩子未来的无限可能。孩子被限制在"每个月只能花××日元"的框架中，想买的东西和想做的事都不能超出这个限额。这种"被束缚"的思维习惯可能会让成年后的孩子失去追逐梦想和实现愿望的勇气。

用"感谢的回报"消除定额制的隐患

作为报酬制的"感谢的回报"之所以能成为两大支柱之一，主要基于以下理由。

第一，因为它可以消除定额制带来的"钱是自动到手的"和"追求梦想和实现愿望的勇气被束缚住"这两大隐患。它可以帮助孩子树立正确的观念："帮父母干活我就能得到相应的回报，干得越多，回报也就越多。"孩子在深切体会赚钱不易的同时，更突破了固定数额金钱对自己的限制。

第二，报酬制是最有利于让孩子理解金钱的本质的手段。当你做了一件让别人开心的事，对方向你表示感谢，作为报答向你付钱，这就是金钱和工作的意义。这就是我特意将它命名为"感谢的回报"，而不是简单称之为报酬制的原因。

不过，报酬制本身也存在隐患。那就是，如果父母只用报酬制的方式支给孩子零花钱，当你对孩子说："能帮我个忙吗？"孩子的第一反应可能会是："可以啊，给我钱我就帮。"养成了万事都计较得失的坏习惯。

钱固然很重要，但我也希望我的孩子长大后能成为一个能热心帮助他人的人。

此时的金钱教育，直截了当点说，就是人本教育。掌握财富是为了让自己、周围的人乃至所有的人都获得幸福。如果因为金钱，而让一个人的内心变得冷漠且荒芜，就纯属本末倒置了。

综上所述，针对之前"单纯的定额制有所不足，完全采用报酬制也有一定的缺陷，那还有什么好的方法吗"的问题，我思考出的结论是，将"加倍偿还"和"感谢的回报"二者有机结合，并在我女儿的身上进行了初步实践。现在我从心底感觉到，这个方法真的很好。

"感谢的回报"的具体步骤
——零花钱支给方法②
"感谢的回报"之二

在"感谢之情"的基础上定价

接下来，我将针对"感谢的回报"的引入时机、事前准备，以及大致的流程做详细介绍。

在对孩子的劳动行为定价时，首先应当记住以下这一点。

那就是，如果是基于"孩子的辛苦"来定价，那么这笔钱就是"劳动报酬"；如果是基于"父母的感谢"来定价，这笔钱才是"感谢的回报"。

◆ 引入的时机

引入"感谢的回报"的最佳时机，至少是孩子习惯了"加倍偿还"以后（比如"加倍偿还"零花钱的周期已经延长到了 3 个月一次，孩子仍然能较好地掌控金钱）。之所以不推荐两者同时引入，是因为担心孩子可能会被搞糊涂。

和"加倍偿还"一样，请错过了最佳时机的父母不要过分担心，金钱教育什么时候开始都不晚。

新学期、暑假前、新年等，都是开始实施的绝佳机会。

◆ 事前准备

白纸、素描纸等纸张和笔。

◆ 大致流程

首先应该由父母写下"孩子能帮忙做的活会使自己很开心"的事情。叠衣服、清洗浴缸、买东西、清洁厕所、洗车……任何你所能想到的都可以写下来。

写完以后，选出三项孩子帮忙会让你最开心的事情，然后再对这三件事分别定价。

◆ 实施过程中的注意事项

在定价时，相比"孩子的辛苦"而言，以"父母的感谢"为基准来定价更好。这是为了让孩子知道，金钱的数量是与感谢的程度成正比的。

比如，买东西与清洁浴缸，买东西需要从家走到超市再走回来，劳动量肯定更大。但如果父母认为孩子帮忙清洗浴缸会让自己更开心的话，那么清洗浴缸的定价就应该更高。

所以，这种定价规则对于每个家庭来说都是不一样的。

不过，如果你想轻松得到孩子的帮助，就最好不要把每个项目的价格定得太高。

如果你在每个月给孩子 2000 日元的零花钱的基础上实行"加倍偿还"，那么各个项目的定价应当控制在 50 ～ 100 日元之间，因为你需要让孩子体会到帮忙这件事本身的乐趣。其实，孩子只要看到父母因自己的帮助而喜笑颜开就非常满足了。

此外，如果孩子特别想要一个玩具，但玩具的价格超出了零花钱所能承受的范围，那么父母就可以在短期（如三个月）内设置一些"高价"项目，并告诉孩子可以通过帮忙做家务攒更多的钱。

"感谢的回报"（报酬制）的好处就在于，可以以任何"价格"去交易各种"商品"，所以请好好利用这一点，充分发挥其优势。

简而言之，大致的步骤是，定价完成后，把各项目及其对应的价格写在纸上；然后，告诉孩子你准备开始以"感谢的回报"支给零花钱了；再者，你要把这么做的目的告诉孩子：这样可以让孩子明白"怎样做才能正当地获取金钱"。

最后，不要忘了告诉孩子，这对他来说，是一个很好的赚更多零花钱的方法。

项目和对应的价格写在纸上后，要贴在家里显眼的地方，这样就一切就绪了。

然后，孩子主动要求（孩子自己提出想要帮忙做事）和父母请求帮助（父母对孩子说想让孩子帮忙做事）都是可以的，这个方法可以随意使用。

当孩子帮了忙以后，记得给孩子"感谢的回报"。至于这笔钱是和"加倍偿还"的钱一同管理，还是用别的方式处理，都由孩子自己决定。

至于帮忙的项目和定价，最好是和孩子一起定期修改（比如一年一次）。

附：

\\ 零花钱支给方式② //

"感谢的回报" 的要点归纳

◆ 开始的时机

　　◇ "加倍偿还" 形成习惯以后。

　　◇ 避免和 "加倍偿还" 同时引入。

　　◇ 和 "加倍偿还" 一样，抓住新学期、暑假前
　　　和新年等时机。

◆ 需要做的准备工作

　　◇ 白纸、素描纸等纸张和笔。

◆ 具体做法

① 父母想一想希望孩子帮忙做哪些事。

② 从中选出孩子做了能让父母最开心的三件事。

③ 确定这三项的价钱。

④ 定完价后将各个项目和对应的价格写在纸上。

⑤ 孩子帮忙做事以后，按定价给孩子相应的报酬。这笔报酬由孩子自由支配。

注意事项

✧ 定价的基准是"父母的感谢"，而非"孩子的辛苦"。

✧ 最好不要把每个项目的价格定得太高。如果每个月的"加倍偿还"是 2000 日元，那么各个项目的定价应当控制在 50 ~ 100 日元之间。

✧ 引入时，要详细说明规则，并向孩子强调"引入的目的"和"对孩子而言的好处"。

✧ 父母应当站在"让孩子享受帮忙做事的快乐"的角度上，给孩子钱时要让喜悦之情溢于言表，并真诚地表达对孩子的感谢。

✧ 不论是孩子主动要求做事，还是父母请求帮助，都是可以的。

开始给孩子零花钱后，父母尽量少干预

"自己选择，自己决定"非常重要

开始给孩子零花钱以后，就应当让孩子自主管理了。原因在于，金钱掌控力需要通过不断的"自己选择，自己决定"来培养。如果父母总是说"接下来可不能再这么花钱了""还是买这个和那个比较好"，对

孩子花钱的方式指手画脚，那就不是孩子而是父母在掌控金钱了，这样无异于剥夺了孩子成长的权利。

在开始支给零花钱之前，父母只需要向孩子说明规则就可以了；在把钱放入存钱罐或存进银行账户时，父母只需要和孩子一起确认数额就可以了；平时，只需要偶尔问问"零花钱怎么样了"就好。不过，应有的照顾和关心绝不能少。

有时候，孩子的所作所为可能并不能完全达到父母的预期，比如几乎把一个月的零花钱花光了，或者买了父母不让吃的零食。即便如此，父母也不该盲目斥责孩子，而是尽可能地包容、关爱孩子。如果能够一直坚持在"自己选择，自己决定"的原则下关爱孩子，孩子一定会取得巨大的进步。

孩子的自我创新

我一直都是用"加倍偿还"和"感谢的回报"相结合的方法给我的孩子零花钱的。

最初开始每个月的"加倍偿还"是她们二年级那年的春天。逐渐步入正轨后，又加上了"感谢的回报"。直到她们上高中开始做兼职赚钱，零花钱的支给方式又变成了一般的基于"附近行情"的定额制。

我总是对自己说，要让孩子"自己选择，自己管理"。于是，在孩子自己管理零花钱的过程中，发生了很多有趣的事。

她们在金钱的管理方法上产生了很多奇思妙想，比如其中一个孩子，拿来了几个空盒子，根据不同的用途分别用来放买零食的钱、买小杂货的钱……另一个孩子则专门买了一个本子，上面写着"零花钱笔记"，把每一天花了多少钱，买了什么东西，最后还剩下多少钱……通通记在本子里。

以上这些并不是我教给她们的，而是她们通过自己的创新和尝试，最后找到的最适合自己的方法。由自己决定怎么做，再付诸行动，最后发现非常顺利——这一连串的尝试就像是游戏闯关那样让孩子充满期待。

再回到孩子自己创造的方法。虽然形式各不相同，但它本质上是一种"金额的可视化"。有了这个方法，孩子就会及时意识到"再这样下去这个月就剩不了一半的钱了，接下来半个月我得节约用钱了"，由此学会了掌控金钱。

彼此交换价值观的绝佳机会

此外，"零花钱的支给、获取"这一过程，是亲子间价值观交换的绝佳机会。当你和孩子一起把钱放进存钱罐的时候，为了了解孩子把钱花在了什么地方，你肯定会和孩子聊很多东西。聊着聊着孩子就会说起自己最近感兴趣的东西是什么，自己最近最喜欢的玩伴是谁等。相应地，对于父母来说，这也是一次能和孩子谈论各自心中最重要的事物的绝佳机会。

在我们家，"感谢的回报"的项目之一是洗车。当初我一毕业就入职了一家汽车制造公司，所以我非常喜欢汽车。于我而言，我的车是相当重要的东西，所以我希望它时刻保持光亮整洁。但洗车这种事如果自己一个人来做的话，是非常费时费力的。当时我正处于事业的上升期，有时候纵使我很想去洗车，但手头的工作总是让我无暇分身，这令我非常苦恼。所以，我经常对女儿们说："如果你们帮我洗车的话，我会很开心的。"她们每次都非常乐意帮我这个忙。

洗车需要用到水和清洁剂，这对于孩子来说也许就像玩游戏一样（笑）。她们在帮助我的过程中，也学会了体谅我工作的忙碌，理解了我对车的重视和喜爱。这些也都成了我们一家人的美好回忆。

第四章

父母在日常生活中
需要牢记的事情

金钱的思维和实践方式 / 来自父母的影响

为了让金钱教育达到最佳效果　父母必须做的几件事

　　孩子的金钱思维和实践方式，就像是安装到电脑里的操作系统一样，和父母几乎一模一样。如果父母总是教导孩子每个月要多省下些零花钱，但自己却常常用信用卡的奖励支付预支消费……父母的"榜样行为"被孩子看在眼里，记在心里，最终孩子自己也会走上预支消费的道路。

因此，要想让金钱教育顺利地进行下去，仅仅只在零花钱上的下功夫是远远不够的，父母自己也必须严格遵照"IN > OUT"的原则掌控金钱才可以。

三种类型中，你花的钱属于哪一类

那么，作为成年人的我们怎样才能提高"IN > OUT"的金钱掌控力呢？我认为，最有效的一个方法是养成一种思考习惯，即"三种'OUT'类型中，你的花销分别占多少"。

"OUT"分为三类，即

浪费（用于玩乐的花销）、

消费（生活必需品上的花销）、

投资（为了自我提升和财产增值的花销）。

在你买了东西或掏完钱以后，你需要思考一下，这笔钱应当归在哪一类。

只需做到这一点，你的金钱掌控力就会有明显的提高。

因为当你开始思考这一分类时，就会突然意识到"原来我一直以为是'消费'的开支，现在看来好像都是'浪费'呀"。

比如话费，当你开始算这笔账时，你可能会意识到一直以来用的套餐里有很多项目都是不需要的，因此你完全可以换一个价格更实惠、项目更简单的套餐；再比如，在运动器材上的花费，你会发现想要锻炼身体的话，直接去家附近的体育馆就可以了；此外，还有当你选择不坐电车而是出租车的时候，你可以用这段时间做一些更有价值的事（比如看书、在车上小憩以消除疲劳），而这件事的价值早已超过了车费的差价。

随着你自然而然地开始以这种方式思考金钱的"重新分配"，你对时间的价值也会有新的认识。

是投资，是消费，还是浪费

"NEED" = 消费，"WANT" = 浪费

我一般将浪费定义为"在玩乐上花的钱"。它和消费的区别大概就是"'NEED'= 消费"而"'WANT'= 浪费"，两者的区别还是很明显的。正因如此，我才会把孩子和朋友出去玩的花销（包括买零食、游乐园门票费用等）都归入"浪费"这一类。

但是，如果这一笔花销可以让你感到自我有了极大的提升，大概你也可以把它归入"投资（自我投资）"之中。因此，如果是能留下珍贵回忆和美好体验的家庭旅行之类的活动花销，也可以算作投资的一部分。

不过，父母花在兴趣爱好上的钱基本上都算是"浪费"。可能有些喜欢高级手表的人会这样说："戴上这块表，周围人都会觉得我是成功人士，说不定还会因此得到一份更好的工作。最重要的是，它能让我工作起来更有干劲。"对此，我的看法是，如果这块表将来有很大的升值空间，大概还能将其归入"投资（自我投资）"，但一般情况下，它仍然是一种"浪费"。

为了避免误会，我补充说明一下，这里所说的"浪费"仅仅只是便于分类，它并不是个贬义词。毕竟，如果人不能为了自己所喜爱的事物花钱，那样的人生该多无趣！因此，我绝没有不应该为"浪费"花一分钱的意思。

但是，如果明知道是"浪费"，却还非要将其归入"投资"的话，就是在为自己的挥霍找借口。这样只会让自己花钱的欲望进一步膨胀，并且越来越难以控制。

帮助孩子远离"网瘾""游戏瘾"的小技巧

相信父母或多或少都遇到过以下情况：孩子一旦打开动画片网站，就沉迷其中无法自拔；孩子一玩游戏就停不下来……不过，如果能充分利用"浪费、消费、投资"这三个框架，也许上述的"网瘾""游戏瘾"问题都能够得到解决。

首先，需要明确限定"一天之内上网和玩游戏的时间是多少"。在此基础上，还需要制订一个"超时费"规则，"超时费"的费用应当定得高一些。比如，每超时十分钟，就要扣除这个月十分之一的零花钱。接下来，我将进一步解释"为什么孩子不守规则时要用高额罚款来约束他们"。

因为，这些都属于被"浪费"的时间。上网也好，玩游戏也罢，都是浪费没错吧?

我反复强调的一个观点是，浪费本身并非坏事，但没有规矩约束，放任自流必然是不可取的。一直放任的结果就是，生活最终被网络和游戏所控制。

之所以这么做，无非是想告诉孩子"如果想玩游戏或者上网的话，就需要为其所浪费的时间支付高额的金钱"，从而使他们形成"适当约束自己的性价比更高"的观念，最终达到让他们遵守规则的目的。

与此同时，父母还应当直接告诉孩子"浪费是要花钱的"。

但在一开始，孩子很难凭借自身的意志力，让自己在规定时间内从愉快的游戏和网络中抽身。因此，父母还是可以先采取"时间一到，手机或游戏机的电源就自动关闭"的强制措施。

虽然相似，实则截然不同的
两件事——投资与投机的区别

如何让孩子知道"自我投资"的意义与价值

我个人认为，不论是父母还是孩子，都不应该在与
读书、学习等与"自我投资"（为了自我成长而花的钱）
相关的支出上吝啬。在孩子还小的时候，这笔支出应当
由父母承担，而不是动用孩子的零花钱。所以，对孩子

来说，与其说是"自我投资"，不如用"父母为孩子投资"这一表述更准确。与此同时，父母在告诉孩子"为了你的成长，爸爸妈妈可以出钱。这样的话你就能学会很多东西，而且学习是件很有趣的事"的基础上，要让孩子进一步理解"这既不是浪费也不是消费，而是进行自我投资的必要支出"以及"自我投资的好处"。

父母应当时常和孩子分享自己对"自我投资"的思考和想法，随着孩子慢慢长大，他们也会像这样说出自己的想法。

比如，孩子想加入一个足球俱乐部，将来成为一名职业足球运动员，他会说"我想要一本关于国际顶级运动员训练的书"。孩子自然而然地就学会了如何表达自己的想法和请求。

你还在买彩票吗

说到投资，就不得不说起和它极为相似的一个词——投机。词典上对它的解释是"对充满不确定因素，但一旦成功就会有巨大收益的机会下手的行为"。简单地说，就是赌博。还有一种说法是"不成功便成仁"，其本质上就是一种"可能会赢，也可能会输"的行为。

但投资是一种将钱花在增值概率较高的事物上的行为。在我看来，这一概率高达 80% ~ 90%。也就是说，不论赚得多还是少，但基本上是稳赚的行为，才能称得上是投资。但这种确定性只能在一系列知识和经验的基础上，经过慎重的考虑和合理的行动才能实现。

比较有代表性的投机行为是买彩票。

在日本赢取年终巨额彩票一等奖的概率是两千万分之一，一个人被雷击中的概率是一百万分之一，被陨石击中死亡的概率是一百六十万分之一。根据上面这组数据，我们不难看出，中彩票的概率可以说是一个天文数字了。

至于退还金，也就是退回来的钱，赛马、自行车赛、赛船、汽车比赛等大致能返还本金的75%，而彩票的平均返还金只有本金的58.5%，也就是说，你买彩票的钱的40%都进了组织者的口袋。彩票是一种"对卖方有利而对买方不利"的赌博形式。因此，如果你想成为有钱人，或想让你的孩子接受良好的金钱教育的话，我不建议父母有买彩票的行为或进行其他形式的投机活动。

我曾经为了给我的女儿讲商业的运作方式，对她们说过这样一句话："彩票是一种游戏，在这个游戏中，买方永远赚不到钱。但如果你是卖家，情况可能恰恰相反。毕竟从一开始，卖方就注定是赢家。"

新手的好运，是真的幸运吗

虽然是一个题外话，但我们还是接着讲完有关赌博的话题。

有以下两种情景：

A. 每次赌马都能成功，每次玩弹子球都能中。

B. 偶尔赢一次赌马，玩好几次弹子球才中一次。

你认为，哪一个会更容易让人沉迷？你可能会觉得"A 才能真正赚到钱，选 A 吧"。其实不然，B 才是正确答案。

曾有一个实验证实过这一点。

实验人员给了猴子一个按钮，它只要按了按钮就能得到食物。当猴子理解了这点以后，每次按按钮都得到了食物，于是很快就对这套装置失去了兴趣。但是，当"按按钮得到食物"这件事不再是必然的，也就是有一定概率得不到食物的时候，猴子很快就又提起了兴趣，最后一整天都一心扑在按按钮上。更可怕的是，当实验装置被设置为"按了按钮也不再投喂任何食物"时，猴子依然坚持不断地按按钮。当它一边按一边想着"只要按了总会有食物出来的"时，大脑会产生大量的多巴胺，促使它始终保持着高昂的情绪状态。

人为什么会沉迷于赌博？就是因为"偶尔能中"。

焦急、延迟满足等都会导致人的情绪高涨。

"我第一次赌马就成功了"

"第一次玩老虎机就赢了"

"第一次买彩票中了"

……

诸如此类，没什么胜负欲的新手侥幸获得的成功，被称为"新手的好运"。不论是什么形式的赌博，新手的运气似乎都格外好，这也使得很多人从此深陷其中，无法自拔。然而，悲剧就是这样开始的。因为从赌博的本质上来看，它注定不会让玩家长久地赢下去，所有人最后面临的都会是失败的结局。

需要明确的一点是，如果一个人去赌博，那他一定不会是为了赚钱，就是单纯地享乐罢了。另外，还需要意识到的一点是，赌博是基于对人类心理和人脑的运作方式充分了解的基础上设计的，因此，沉迷与否绝非人的意志所能轻易控制。

一夜暴富的陷阱

　　近年来，虚拟货币交易大热，造就了一批所谓的
"亿万富翁"。此外，还有利用较小的资金，获得较大
的交易额度的 **FX**（外汇保证金交易），也曾引起过大
量的关注与讨论。从前文提到的"投资"和"投机"
的区别来看，虚拟货币和外汇都算是"投机"，因为它
们几乎都不能保证一定有回报。也正因为回报的不确
定性，人们才会那么疯狂投入。所以，请记住部分人
侥幸赚到钱的背后，是绝大多数人都亏得血本无归。

　　赌博和投机会刺激人的大脑。与这些相比，投资可
能显得枯燥又乏味。然而，不被一时的快乐冲昏头脑，
能长期克制自己欲望的人，才能成为有钱人。那些梦想
着一夜暴富的人，注定不会笑到最后。因为不能控制自
己而肆意浪费，或是在投机中损失惨重的人比比皆是。

孩子之间互相借钱怎么办

教会孩子"勇于拒绝"的绝佳时机

父母在给孩子零花钱的过程中，也难免遇到一些让人头疼问题，比如，"孩子互相借钱"这种事，应该如何看待？又该如何解决？

根据我的经验，我一般会对孩子说："即便朋友主动找你借钱，你也不能借。"因为，我想借这个机会帮助我的女儿学会拒绝。如果她们长大成人后，无法拒绝应该拒绝的事，会怎么样呢？她们可能会因为和某个人关系好就去当别人的担保人，轻易地签了字、盖了章，最后沦落到替他人承担巨额债务的境地——这种风险是可能存在的。

为了让她们理解什么是"担保人"，我举了一个例子："假设你们有两个朋友，一个叫山根，一个叫川本。有一天川本对山根说：'你借我 1000 日元吧。'于是山根就借了。但是山根有点担心，就来问你们：'你们说他能按时还钱吗？'你们拍着胸脯保证道：'川本人那么好，肯定会还的。如果他到时候还不上，就由我来替他还。'结果，川本转学了，这笔钱就只能你们来还，这就是担保人要做的事。"

发现孩子之间互相借钱时，父母应该像思考如何给孩子零花钱一样，应该将其视作一个绝佳的锻炼机会——借此将孩子培养成一个优秀的成年人。

拒绝朋友借钱的两个好方法

话虽如此，对于孩子来说，朋友是他们生活中不可或缺的一部分。可能有的孩子害怕破坏友谊，难以直接拒绝朋友的请求，这种心情完全可以理解。

于是，这里我提供两种方法，可以作为你和孩子讨论借钱相关问题时的参考（这一沟通技巧也可用于成人遇到借钱的困扰时）。

① 可以以"父母不允许"为拒绝的理由。

第一个方法就是"把责任推到父母身上"。比如，孩子的朋友找他借钱时，你可以让孩子这样说："我爸爸告诉我不能借，对不起。"把父母搬出来拒绝他人。

在某些情况下，孩子甚至可以"表现"出对父母的固执有意见，例如，"他们真的很固执……"这将更容易说服朋友。

② 对借钱的朋友说"拿一件你喜欢的东西跟我交换吧"。

如果用了方法①，朋友仍然不依不饶，就可以稍微退一步："我爸爸妈妈说，如果你用喜欢的东西和我交换也可以的。"比如孩子的朋友找他借 100 日元，孩子就可以说："把你最喜欢的玩具给我，作为 100 日元的交换。"

顺便说一下，这个方法的灵感来自日本首富斋藤一人的故事。

曾经有很多人找斋藤借钱，每到这时，斋藤先生就会说："借钱可以，不过要用你的车或其他东西作为抵押。你的东西值多少钱，我就借你多少钱。"至于这么做的理由，斋藤先生是这样说的："因为我们的交往是平等的。"此外，他还对规则进行了详细说明："不论你用什么跟我交换，我都会好好保存，绝不转卖。你一把钱还给我，我就立刻把东西还给你。相比于直接借钱，这种方式其实更加干净利落。"

但其实，此言一出，几乎没有人会带着东西来找斋藤借钱了。

无可奈何只能把钱借出时的注意事项

当然，借钱也并非都是坏事。

比如和朋友一起出去玩需要坐车，有一个人忘了带钱包，这种情况下理应帮助他，让他过几天再把车钱还回来就好。反过来也是如此。

但是，借钱和出钱双方应该在当天向父母说明"因何理由向谁借出／借了多少钱"，过几天还钱了以后，也应该告知父母。

顺便说一下，你最好给孩子一种心理暗示，即"借给朋友的钱一般是不会还回来的"。在这个世界上，因钱把关系闹僵的人比比皆是，所以要让孩子及时领悟到这一点。

当孩子说"考了高分就给我零花钱"时

对成年后工作的模拟体验

　　当你开始给孩子零花钱后，孩子可能会主动提出"如果这次我考得好，就多给我一些零花钱吧"，或者"如果这一科我得了高分，就给我买个玩具"……遇到这种情况，父母应该怎么办？

不同家庭可能会有不同的处理方式，我的建议是，接受孩子的请求。因为这能让孩子切身体会到"坚持不懈的努力可以换来回报"，这与成年人通过工作换取报酬的道理一样，而这种成功体验对孩子成长的好处也是显而易见的。

此外，"能为自己设定明确具体的目标"这种积极主动的态度也非常值得鼓励。

这种情形类似前文提到过的"感谢的回报"，在这里我们可以称之为"努力的回报"。借这样一个名目，在孩子达成某一目标后就多给 ×× 日元或者买玩具作为奖励，也是很好的。

"努力的回报"的四个注意事项

不过，在具体的操作过程中，也有以下需要注意的点。

第一，要求应当由孩子主动提出，而不是父母。

为了鼓励孩子好好学习，父母对孩子说："如果语文考试能拿到满分就给你买礼物。"这就像是在孩子面前挂着一个大鸡腿来引诱他们学习。为了培养孩子的主动性，等着他们自己提出要求会更好。父母也可以偶尔向孩子提出要求，但要注意不能过于频繁。

第二，不建议一年之内开展多次。

为了便于理解，我在这里举一个极端的例子。比如，每次孩子考试得了满分都给他 100 日元作为奖励，这种做法是不可取的。学习这件事，根本目的是促进自我成长。如果偏离了最初的目标，转而让孩子认为"努力学习就是为了得零花钱"的话，是相当危险的。

因此，"努力的回报"的定位应该是一种有趣的奖励活动，一年开展 3 ~ 4 次足矣。

第三，长期性目标比一次性目标更有意义。

"下次考满分……"就属于一次性目标。

"语文考试连续考五次满分"

"期末考试所有科目总分达到 800 分"

"成绩单上五科成绩中至少四科拿到 A"……

需要长期和各种各样的努力的，更有挑战性和难度、更需自制力和计划性的目标，相比之下更有利于对孩子的自我锻炼。

当然，不管怎么说，最终目的是让孩子体验成功，而非经历失败。为了能让孩子形成"努力就能实现目标"的观念，应当设定难度最为合适的目标。

第四，实物报酬比金钱报酬更有吸引力。

这是我多年经商总结出来的经验。作为对孩子努力的奖励，在同等价值的情况下，实物奖励会更有吸引力。比如，"以好吃的蛋糕为目标加油努力吧"比"以××日元为目标去努力奋斗吧"更能引发孩子的兴趣。这是因为比起金钱，蛋糕这一奖励更加具体和可视，自然也更能激发孩子的动力。因此，在两种奖励都可行的情况下，我个人更推荐实物奖励。

此外，带孩子去吃想吃的东西，或者去想去的地方……机会，也可以视作一种奖励。

从奥运选手的培养方法中得到的
金钱教育启示

顶级运动员养育孩子的共同点

这一节可能会有点偏离零花钱的主题，敬请谅解。

我要讲的是从我经常去的一家按摩正骨馆的医生那里得到的一些启示。那位医生之前是奥运选手，所以有许多现役运动员会来他这里按摩复健，他们中很多人也都育有孩子，并且有的孩子也都已经成长为一流的运动员。

为什么会这样呢？毕竟有许多孩子所从事的运动与他们的父母不同，但仍取得了成功。这位医生通过观察发现，如果父母是乒乓球运动员，孩子也是，这种情形似乎还在情理之中。但父母是棒球运动员，孩子是足球运动员，或者父母是柔道选手，孩子是橄榄球运动员，这些情况也很常见。还有些家庭并非父母双方都是运动员，可能一方是运动员，另一方是运动门外汉，即便如此也不影响他们的孩子成为专业运动员。

发现这些巧合后，那位医生开始格外关注运动员群体的育儿方式。他提出了一种假设，即"顶级运动员的教育方式一定有某种共同点"。于是在那之后，他在给现役或退役奥运选手做复健时，都会顺便问一句"你们家一般怎么教育孩子"。日积月累，答案逐渐浮出了水面。那就是"学东西的顺序"。

接下来有一个问题，请你快速回答：

对于前奥运选手和现役奥运选手来说，一般最先学习"A"，然后学习"B"，最后学习"C"。请问 A、B 和 C 分别指代什么？

答案是，

A 为器械体操，

B 为游泳，

C 为自己想训练的竞技项目。

最初的器械体操可以使运动员掌握基本的运动方法，之后的游泳可以达到锻炼肌肉、训练体能的目的，用这两项打好基础，之后不论从事哪项运动都很容易出成绩。基于这样一套科学且可复制性高的训练思路总结出来的教育方法，即便父母双方都不是运动员，培养出优秀运动员子女的可能性也相当高。也正因如此，即便孩子从事的体育项目与父母大相径庭，也不妨碍他成为自己领域的佼佼者。

最后，医生对我说了这样一句话："每个孩子的可能性都是无限的。"我听了以后深有感触，毕竟孩子无限的可能性背后，是父母所要承担的重大责任。

从金钱教育中得到与器械体操同样的锻炼

运动员教育其实和金钱教育是一模一样的，因为金钱教育也可以分为三个阶段：

① 从小学到初中毕业，属于零花钱期；

② 从高中入学到进入社会前，属于兼职期；

③ 进入社会后，属于自力更生期。

其中，

阶段①的任务和器械体操中的掌握基本运动方法有异曲同工之妙，这一时期孩子需要学习"掌控金钱的基本方法"。

阶段②的目标相当于游泳中的肌肉锻炼与体能训

练，基于在阶段①对金钱本质的理解和对金钱掌控力的学习，处于阶段②的孩子需要在这一时期建立人生的轴心。

如果阶段①和阶段②的任务都能圆满完成，接下来就需要明确自己的人生方向了。为了能顺利朝这一方向行进，孩子就会开始构想今后的职业规划，并为之付出应有的努力。经历了这三个阶段，不论孩子今后从事哪一行，取得成功的可能性都不会小。

综上所述，本书其实就是始终围绕着"零花钱的规则"这一主题，介绍让孩子在阶段①踏实地奠定人生基石的方法。

别把金钱话题视为禁忌

父母应该与孩子坦诚相待

　　日本社会似乎一直有一种"不能在孩子面前谈论金钱"的观念。因此，当孩子主动问及有关金钱的问题时，父母往往是避而不答，或者欺瞒敷衍。

我认为，这对孩子的教育来说，实在不能算是一件好事。

其实孩子的聪明才智远远超出大人们的想象，平时大人们无意间的交谈孩子都能听得懂。不仅如此，他们还能从大人们说话时的表情和谈话的气氛中解读出多种信息。

因此，不论如何，对父母来说最重要的一定是"要对孩子坦诚"。

把我当作大人来对待的母亲

在我小学三年级的时候，从事木工的父亲在工作时因从高处坠落而腿部骨折，此后的一年都无法工作。

父亲以前白天几乎都不在家，但是那段时间我放学一回家就能见到他。也时常能看到母亲对着计算器"忙忙碌碌"的身影，听她和父亲说"这笔钱如何如何"……

那时我虽然年纪尚小，但也敏锐地察觉到了家里的气氛不对劲——家里真的发生不好的事情了。于是，有一天我终于下定决心对母亲说："妈妈，我不要零花钱了，家里最近很困难对吗？"妈妈回答道："你在说什么呢？"然后将家里的实际情况一五一十地告诉了我。她说："为了应对这种突发情况，我早就备好了一间小公寓用来收租，所以我们每个月还是有固定收入的。此外，之前的积蓄也够我们挺过这一阵了。"

话虽如此，也不能说完全没有压力。回想起来，父亲受伤的那一年里，一家人的生计维持变得十分艰难。那时我常常会将一部分零花钱省下来还给母亲，也并没能改善局面。为了能让我放心，母亲向我撒了一个小小的谎。不过，在触及事务的核心时，母亲对我没有任何的隐瞒。母亲对我的这份信任让我十分受益，一方面，她用善意的谎言让我心安；另一方面，我也感觉到她把我当作一个大人来对待，给了我应有的尊重与信任。

讲清原则和原理，孩子能听得懂

因此，如果你的孩子问及钱的问题，你最好是坦率地回答他们，这也是实践金钱教育的一个好机会。

有一次，我的女儿神情焦虑地问我道："我们家能买得起这么贵的东西吗？我看那个标价有好多的零，花出去的钱还能赚回来吗？"

她之所以会有这样的担心，是因为我在孩子还小的时候就开始从事房地产投资了，而我当时的投资目标是一整栋的钢筋混凝土构造的公寓，其交易价格往往都是数以亿计的，因此资金一般都来自银行和其他金融机构的贷款。于是我的女儿就开始担心——"爸爸好像因为什么事欠了好多钱"。

于是我向她解释道："爸爸虽然借了很多钱，但用这些钱买来的公寓一旦开始运转，我们每个月都可以赚到钱。当然，除了这些，爸爸手头还有很多钱。哪怕这些钱都没了，我们把公寓一卖，借的钱也都能还上了。"这样一番对前因后果的详细说明，即便是小学生也能毫无障碍地理解。于是，在那以后，我的女儿再没为此担心过。不仅如此，我还借着这样一个机会让她了解了我的商业思维。

父母绝对不能有的糟糕言行

生活中，有些父母可能会在孩子说自己想做什么的时候，找其他的借口敷衍塞责，试图劝孩子放弃，这种做法非常不值得提倡。

例如，一个孩子对父母说自己想去学芭蕾舞，但父母的回答是："虽然爸爸妈妈很想让你去学，但是芭蕾舞的学费太高了，我们付不起啊。"

更糟糕的是，有的父母还会对孩子的爱好冷嘲热讽，比如"学芭蕾有什么用？多没意思啊"，企图以此说服孩子放弃，但这种做法会给孩子留下一生的心理阴影。

首先，在这个世界上，孩子最希望得到的就是来自父母的理解。但面对自己感兴趣的东西，父母却以"没意思"为理由给自己泼了一大盆冷水，怎么能不令孩子寒心呢？

更何况，这个理由并没有什么说服力，只不过是父母拿来敷衍搪塞的借口罢了，所以这件事只会在孩子心里留下一个模糊的印象，之后就不了了之了。孩子长大后，就会疑惑"为什么我当时要放弃呢"，这种后悔的念头可能会随着岁月的流逝而日益强烈，并且永远不会消失。

所以，在这种情况下，父母应当坦率地告诉孩子实情，并在此基础上与孩子一同讨论对策。比如：

"虽然不能学芭蕾，但是离家比较近的那所舞蹈学校也许可以试试？"

"现在虽然不行，但三年后应该没问题了。"

"虽然不能去上专业的芭蕾舞课，但是可以去上公益团体组织的周末体验课。"

如果父母不把金钱话题视作禁忌，并能敞开心扉与孩子沟通，孩子肯定会理解父母的难处。所以，一定不要为了隐瞒和逃避随便找个借口敷衍孩子。

夫妻双方在金钱观念上要达成一致

个人现状的准确呈现与共享

　　家庭圆满的秘诀之一，就是夫妻双方在金钱观念上能达成一致。

为了实现这一点，首先就要做到"共享准确的信息"，这些信息包括：

◆ 每月的收入有多少，支出有多少？

◆ 有多少金融资产（可自由支配的钱）？

夫妻双方准确地"呈现"个人现状，并与对方共享信息（具体数字）这一点是非常重要的。

很多情况下，双方的关系是"一方管钱，另一方当甩手掌柜"。所以，当他们遭遇跳槽、搬家、生病、疗养这种与人生机遇和转折相关的事件时，当"甩手掌柜"的那一方就会惊讶地发现"原来家里没那么多钱啊"，从而将责任推给对方，引起不必要的家庭纠纷。

此外，资产管理和投资也应当由双方一同讨论决定。比起一个人做决定，两个人的考虑会更充分，也更容易碰撞出好的想法。而这一切都要基于双方个人现状的共享。

"大额支出"时要特别注意

此外，双方消费观的协调也很重要。特别是在需要花费大量金钱的项目上，首先要做的就是学习正确的金钱知识。当然，不是只有一方学习，另一方什么也不管，而是夫妻双方共同学习，一起进步。当双方都具备知识基础后，再讨论大额支出的具体方针。

大额支出的项目有：

房子

车

保险

孩子的教育支出

……

在这一点上，最重要的是不要着眼于浪费或消费，而是要立足于投资，即"什么选择在未来回报潜力更大"，如果你始终坚持以投资为立足点，就可以大大降低在"大额支出"上出现失误的概率。

在家庭生活中，夫妻间观念一致的重要性不仅仅只停留在金钱方面。最近几年，夫妻双方由于在孩子的考学上有分歧而导致关系恶化的案例屡见不鲜。与其各执一词、相互对抗，不如同心协力，明确共同努力的方向，然后一起思考"在孩子走上社会前的这十年乃至二十年间，作为父母能为孩子提供哪些学习的机会"。

我相信，如果父母都能站在这一角度去思考问题，孩子定会拥有幸福的人生。

在"感谢积分"的数量中获得
审视世界的机会

我们为何愿意"每小时支付 6 万日元"

当全家人一起开车外出时，当遇到维修或送货人员上门服务时，当在餐馆吃饭时，当进入便利店时，当在玩手机时……我会抓住以上种种"时机"告诉我的女儿们这个社会如何运转的一些道理，贯穿其中的核心要义就是"你得到的钱取决于对你的'感谢'的分量"。

有一次，我们家的厕所堵了，全家人都无法上厕所了，遇到这种情况是很让人着急的。我赶紧打电话叫修理人员过来疏通。修理人员来了以后，发现只是一团厕纸堵在了最里面，于是就用专门的工具随便操作了几下就迅速疏通了厕所。我记得他大约用了五分钟，修理费是 5000 日元左右。

五分钟赚了 5000 日元……换算成时薪，就是一小时 6 万日元（当然实际不能这么简单地计算）。如果单看这个数字的话，你可能会觉得"这也太贵了"，但我并不这么认为。

原因在于，如果厕所一直这么堵着，会给我们的生活造成很大的困扰。而厕所修好之后，我们全家都沉浸在难以言说的喜悦之中。

厕所疏通，修理师傅离开后，我抓住时机对女儿们说："在工作中赚到的钱的多少，并不取决于你的工作时间，而取决于你所得到的'感谢'的分量。"全程目睹了修理师傅工作过程的女儿们深以为然。

养成思考"感谢"背后的原因的习惯

我曾在看电视新闻时与我的女儿们谈论过经济周期。经济往往呈现出一种周期性波动变化的趋势，从波谷向波峰攀升（由萧条转为繁荣），再从波峰走向波谷（由繁荣走向萧条），如此反复。我常对女儿们说："经济不景气并不意味着人们就赚不到钱了。"即便在经济萧条的时期，人们也会有需求，如果你抓住这些需求，提供让人们"感谢"的产品和服务，你就能赚钱。当经济繁荣时，人们的需求也会相应地发生变化，此时如果你依然能敏锐地抓住人们的需求，提供让人们"感谢"的产品和服务，你就又能赚钱了。

因此，赚钱的终极要义就是想办法让人们对你表示"感谢"。

为什么同事 A 的工资更高

我曾经问过我的女儿们："A 和 B 都在同一个单位工作，但 A 的工资特别高，B 的工资却和兼职差不多，你们想想这是为什么。"

正确答案是，A 做的工作无人能取代，而 B 的工作谁都可以胜任。为了便于理解，我举一个法国餐厅的例子来解释。

A 先生在法国一家著名的米其林星级餐厅接受培训，餐馆老板看中他的才华并邀请他担任主厨，从此他一直在这里工作。他做的菜肴广受好评，以至于上门的食客一座难求。

而 B 先生是在该法国餐厅招募大堂服务员时前来应聘的。虽然他没有任何餐厅工作的经验，但因为人们都说做这份工作没有经验也可以，所以他就选择了在这里打工。

　　我给女儿们讲了这个故事后，向她们确认道："你们应该知道 A 和 B 谁赚得更多吧？"然后又向她们提了一个问题："如果 B 想挣更多的钱，应该怎么做呢？"

　　这样一来，就能让她们完全理解什么是"赚到的钱与'感谢的分量'成正比"。

　　现在，视频网站的例子可能更容易让孩子理解。当人们觉得某条视频很有趣，看了觉得很开心时，就会给视频点赞。得到的赞越多，浏览量越大，作者赚到的钱也就越多。这同样可以用"浏览量＝感谢的分量＝收入"进行解释和说明。

> 赚钱可以"快乐"，但不可以"作弊"

作弊即自毁长城

有一次在从便利店回家的路上，我跟女儿们讲道："用作弊的方式赚钱不可取，但快乐赚钱是可以做到的。"所谓作弊，不仅包括通过欺骗他人赚钱，还包括通过压榨他人、令他人受苦的方式让自己赚钱。比如黑心企业的老板，就可以算作作弊的典型。

以作弊的方式赚钱无异于自毁长城。虽然短期内可以赚到大量的钱，但这些财富都是由他人的怨恨和血泪积攒起来的，总有一天你会为此付出代价。

为客户、朋友和自己带来快乐时，你就会收获感谢

另一方面，我认为"快乐"赚钱是一件毫无争议的好事。所谓"快乐"，就是通过为你和周围的人提供便利从而让自己赚钱的方法。连锁店这种经营模式普遍存在于各行各业，如便利店、餐馆、干洗店和美容院等。而连锁店的本质，其实是为更多的顾客提供便利。所以快乐赚钱这种商业模式可以简单理解为，总部通过开连锁店的方式，为不同地区的顾客提供便利，从而赚到更多的钱。

连锁店的总部一般会着眼于改进方便和高效的工作方式，开发新的产品和服务。在此基础上，总部会想方设法地说服顾客成为加盟店的老板，"有钱大家一起赚"，开更多的加盟店。在为他人提供赚钱机会的同时，也扩大了自己的业务范围。

换句话说，这一做法实际上为所有人都提供了便利，因此从全国乃至世界各地收获了许多"感谢"，这就是各连锁店总部能赚得盆满钵满的原因。

日语中的"工作"一词，其词源本就是"让身边的人感到快乐"⊖

而很多日本人似乎天生对"快乐地赚钱"有抵触情绪，但快乐赚钱绝不是什么坏事，它只不过是通过收获来自他人的"感谢"而赚钱的一种方法。

⊖ 日语中的"働く"，意为工作，罗马音为 Hataraku。将其拆开来看，Hata 汉字写为"傍"，意思是旁边、周围；raku 一般写作"楽"，是愉快、轻松的意思，合起来的意思就是"使身边的人感到快乐"。——译者注

虽然刚才提到的连锁店模式是一种非常成功的商业模式，但如果总部将所有的风险和困难都留给下面的加盟店，却自己独吞收益，那么来自加盟店的"感谢"的分量就会急剧下降甚至消失。这样加盟店就会纷纷倒闭和脱离，并将丧失信誉的总部告上法庭。

那些能够长期经营下去的公司和商家，往往都能收到很多的"感谢"。而那些经营不善的公司和商家，他们收到的"感谢"往往不足以维持它们的基本运营。

上述这些原理和规则，请你找准时机教给孩子。

吃棉花糖和不吃棉花糖的孩子，
今后的人生走向

"忍耐力"是人生幸福的必需项吗

不知你是否听说过"棉花糖实验"？

这是由斯坦福大学的一群心理学学者进行的一项长期实验，主要研究儿童自制力与其成年后社会成就的关联性。

这项实验的具体操作是，实验人员把一群四岁的孩子一个一个地带进房间，并要求他们坐在椅子上。房间的桌子上有一个放在盘子里的棉花糖。然后，实验人员对孩子说："我现在有事要出去一下，这个棉花糖是送给你的。我大概十五分钟后回来，如果你能等到我回来再吃，我就再送你一个棉花糖；如果你没等到我回来就吃掉了这个，第二个棉花糖就没有了哦。"说完就走出了房间。

孩子的一举一动都被房间内隐藏着的摄像头记录着。他最喜欢的棉花糖就在桌子上，充满诱惑力。

"如果忍住了，就能再吃一个了。"孩子的内心充满了矛盾，并表现出各种各样的反应：有的孩子拽着自己的头发，有的背对着棉花糖不去看它。也有孩子凑上前去闻棉花糖的味道，有的忍不住用手去触摸……

　　最终结果是，虽然没有任何一个孩子一上来就抓起棉花糖放进嘴里，但是有三分之二的孩子中途没能忍住，最终只有三分之一的孩子坚持到了最后，吃到了两个棉花糖。

　　该实验是在 1970 年以 186 名儿童为实验对象进行的，有趣的是后续研究的结果。到了 1988 年，实验人员又针对这些已满 22 岁的孩子进行了追踪调查。结果显示，当年坚持到最后的那些孩子，比没有坚持到最后的，在大学入学考试中的成绩（满分 2400 分）平均高出了 210 分。

　　时间到了 2011 年，当年的那些孩子已年满 45 岁，实验人员再次对他们进行了追踪调查，结果显示，坚持到最后的孩子多年以后的社会经济地位明显更高。

　　根据这个实验，我们不难得知，在童年时期形成的"忍耐力"会成为一种受益终生的力量。

"加倍偿还"就是"棉花糖习惯"

忍耐到最后就可以翻一番——

这个设定你是不是感到似曾相识?

没错,这与我之前提到的零花钱规则中"加倍偿还"的道理是相通的。

"加倍偿还"是我基于和金融资产超过 2000 万日元的会员们的交谈,结合我个人的思考得出的一种方法,并在我的女儿身上进行了实践。当时还没有意识到这一点,但如今细想一下,的的确确就是"棉花糖实验"了。

不对,比起棉花糖实验,称其为"棉花糖习惯"也许更合适。因为它不是一次性的,而是长年累月坚持下来的自我控制,逐渐成为孩子心中"理所当然"的习惯。

　　自己琢磨出来的零花钱规则与权威的实验结果不谋而合，使我更加确信这个方法是正确的。

　　最后，希望你所珍爱的孩子都能拥有灿烂而幸福的人生。